冲上顶峰
Rush to the summit

温张敏 范远舟 刘媛 等◎编著

图书在版编目（CIP）数据

冲上顶峰 / 温张敏等编著 . -- 北京：北京联合出版公司，2023.9

ISBN 978-7-5596-7159-2

Ⅰ . ①冲… Ⅱ . ①温… Ⅲ . ①女性—成功心理—通俗读物 Ⅳ . ① B848.4-49

中国国家版本馆 CIP 数据核字 (2023) 第 146960 号

冲上顶峰

项目策划：斯坦威图书
作　　者：温张敏　范远舟　刘媛　等
出 品 人：赵红仕
总 策 划：李佳铌
策划编辑：刘予盈
责任编辑：孙志文
封面设计：异一设计 QQ:164085572
内文排版：北京天艺华彩图文制作有限公司

北京联合出版公司出版
（北京市西城区德外大街 83 号楼 9 层　100088）
天津中印联印务有限公司印刷　新华书店经销
字数 54 千字　880 毫米 × 1230 毫米　1/32　6.5 印张
2023 年 9 月第 1 版　2023 年 9 月第 1 次印刷
ISBN 978-7-5596-7159-2
定价：45.00 元

版权所有，侵权必究
未经书面许可，不得以任何方式转载、复制、翻印本书部分或全部内容。
本书若有质量问题，请与本公司图书销售中心联系调换。电话：010-82561773

编委会

主　　编　温张敏　范远舟　刘　媛
编委会成员（按姓氏笔画排序）
　　　　　　王　芳　水　晶　叶小新　冰　冰
　　　　　　朱行帆　陈　璐　钟华琴　唐宜妘
　　　　　　袁翠华

前　言
与坚硬的世界温柔交手

多年前，我读过一个故事，是张文亮写的《牵一只蜗牛去散步》。

上帝给我一个任务：牵着一只蜗牛去散步。我不能走得太快，因为蜗牛已经尽力往前爬，可为何它每步都只前进那么一点点？我催它，我唬它，我责备它。蜗牛用充满歉意的眼神看着我，仿佛说："我已经尽力了嘛！"我拉它，我扯它，甚至想踢它。蜗牛受了伤，它流着汗，喘着气，继续往前爬……

真奇怪，为什么上帝让我牵一只蜗牛去散步？"上帝啊！为什么？"我仰头喊道，天上却一片寂静，"唉！也许上帝抓蜗牛去了！"好吧！我要松手了！反正上帝不管了，我还管什么？蜗牛往前爬着，我在后面生着闷气。咦？我好像闻到了花香，原来这边还有个花园，我感受到微风，原来夜里的微风这么温柔。

慢着！

我听到鸟叫，我听到虫鸣，我看到满天闪烁的繁星！咦？我以前怎么没有这般细腻的感受？我忽然想起来了，莫非是我错了？原来是上帝让一只蜗牛牵着我去散步。

教育孩子，就像牵着一只蜗牛在散步。和孩子一起走过他的孩提时代和青春岁月。虽然我们也有气恼和失去耐心的时候，但是孩子却不知不觉地向我们展示了生命最初、最美好的一面。

孩子的眼神是率真的,孩子的视角是独特的,家长应当放慢脚步,把自己主观的想法放在一边,陪着孩子静静品味生活的滋味,倾听孩子内心的声音在俗世回响,给自己留一点时间,从繁忙的生活中探出头。这其中成就的,不仅是孩子。

这是一个讲给家长的故事。育儿,就像牵着一只蜗牛去散步。

然而,在读完它之后,我深切地感受到,这也是一个讲给我们、讲给女性朋友的故事。

内观自己,好好修心。也像牵着一只蜗牛去散步那样,在坚硬的世界里,修一颗温柔心,从繁忙的生活中探出头,大步向前走。

— 1 —

在当今这个瞬息万变的时代,女性在成长过程中会面临许多挑战。全职主妇、职场女性、创业女性,她们在不同的人生阶段都会面临不同的困境和磨难。

全职主妇主要在家庭中承担照顾家人和孩子的责任。然而,在繁重的家务劳动中,她们往往忽视了自己的需求和成长。她们容易陷入被动、依赖的困境,长时间陪伴家人可能会导致她们与外界失去联系,进而影响她们个人价值的实现。为了摆脱这种困境,越来越多的全职主妇会更积极地寻求自我成长的途径,例如学习新技能、结交新朋友、参加社交活动等,从而在家庭生活之余丰富自己的人生。

职场女性在追求事业成功的道路上，需要在家庭和工作之间寻求平衡。她们可能会面临性别歧视、职业晋升障碍等问题。此外，职场女性往往承受着巨大的心理压力，担心自己在家庭和事业中的表现无法达到预期。为了应对这些困难，当下的职场女性越来越善于调整心态，维护人际关系，借助社会资源寻求家庭和事业的平衡。同时，职场女性在自身能力和心理素质上的不断提升，将能充分应对日益激烈的职场竞争。

创业女性在追求事业、梦想的过程中，面临着诸多挑战。创业初期，她们可能需要解决市场竞争、融资困境、人才招聘等问题；之后，更是需要处理家庭和事业的关系。为充分利用时间和精力，她们需要在家庭和事业中找到平衡点，这对于许多创业女性来说都是一项艰巨的挑战。为了应对这些挑战，更多创业女性做足了准备。她们具有强烈的事业心和坚定的信念，不断学习新知识，提升自己的管理能力和专业技能，并学会从家人、朋友和专业人士那里获得帮助，从而在艰辛的创业过程中获得鼓舞和动力。

在这个充满机遇同时又障碍重重的时代，无论是全职主妇、职场女性还是创业女性，在成长过程中都面临着诸多挑战。本书中，12位优秀女性就向我们展示了她们在困境中磨炼出的坚韧毅力，她们用智慧和勇气书写出感人至深的成长故事。

- 2 -

纳尔逊·曼德拉曾说："人生最大的荣耀不是永远不跌倒，而是每次跌倒后都能爬起来。"成功的背后往往是一段漫长而艰辛的成长过程。希望以下4种方法能对女性成长有所助益,让女性更好地实现自己的价值。

·终身学习

对于女性来说,学习是成长的源泉和动力。在知识经济时代,拥有丰富的知识和技能是实现个人价值的关键。女性应该养成终身学习的习惯,不断丰富自己的知识体系,提升自己的技能水平。只有这样,她们才能在激烈的竞争中脱颖而出,实现自己的职业抱负。

·乐于分享

分享是人际交流和互动的重要方式,也是女性在成长过程中获得的一笔无形的财富。通过分享自己的经验和故事,女性可以结识志同道合的朋友,拓展自己的社交圈子,为自己的成长提供更多的机会,获得更多资源。同时,分享的过程也是一种自我反思的过程,有助于女性认清自己的优势和不足,找到适合自己的发展方向。

·精进技能

技能是女性成长的基石。在职场、家庭、社交等各个领域,女性都需要具备一定的技能,以应对各种挑战和困境。把工作当作修行,是女性在职场中实现自我价值的重要途径。将工作视为一种修炼,意味着女性需要全身心投入工作中,追求卓越的品质和高效的方法。在这个过程中,女性不仅可以提升自己的专业技能,还能培养自己的品行和气质,为自己的成长奠定坚实的基础。这不仅有助于提升女性的竞争力,还能为她们的人生增添更多的可能性。

• 修己达人

修己达人是女性成长的核心理念之一。它意味着女性在追求外在成功的同时,也要关注对内心的修养和品行的提升。通过一个个层次的修炼,女性可以实现内外兼修,成为真正的全面发展的人才。在这个过程中,女性不仅要培养自己的道德品质、情感智慧和心理素质,还要学会关爱他人,传递正能量,为社会创造更多的和谐与美好。

– 3 –

这是我们"一跃而起"团队指导的又一本书,是我策划出版的第 4 本书。与前 3 本书完全不同的是,这次的视角对准了一群女性,写下的不再是冰冷的商业或职场策略,而是更温暖、更温柔的普通人的成长故事。

在策划本书的过程中,我跟 12 位大女生朝夕相处了 8 个月。反反复复修改稿子,累计修改了 500 多份稿件。

我们为什么要花这样大的力气把自己的故事讲述出来?

因为,她们或许就是你身边的小姐妹、好闺密,她们就是千万女性的缩影。她们平凡,又不甘于平凡。在这个冷酷的世界,她们活得热气腾腾。

一只小蚂蚁在沙漠中赶路,遇到一位师父。

师父问它:"为何匆匆?"

小蚂蚁说:"我要去朝圣。"

师父哈哈大笑，说："圣城那么远，你走得这么慢，生命又这么短，怎么可能到圣城？"

小蚂蚁说："没关系，就算死在朝圣的路上，我也无比幸福！"

12位作者都像极了故事里的小蚂蚁，不问结果，不惧将来，一路向前。

未来不足惧，过往不须泣。万物可期，人间值得。

最后，如果本书对你有用，我想请你把它推荐给你最重要的人。让我们彼此陪伴，一路向前，做一只幸福的小蚂蚁，做一个始终充满童真的孩子，兴趣盎然地与这个世界交手。

水青衣

2023年4月

目　录
CONTENTS

前　言
与坚硬的世界温柔交手 / I

第一章　线上超越

1.1　温张敏｜发售力：1 场顶 10 场，熬夜也要学会的成交秘籍 / 003

1.2　朱行帆｜运营力：抓好 3 个关键，新人也能在自媒体游刃有余 / 019

1.3　陈璐　钟华琴｜直播力：从 0 到 1 学习直播技能，轻松从新手变为高手 / 039

1.4　刘媛　袁翠华｜布局力：朋友圈就是聚宝盆，你也可以通过发朋友圈动态提升个人价值 / 055

第二章　平台破局

2.1　范远舟｜写作力：零基础小白如何习得新媒体写作技能，写出爆款文章 / 079

2.2　叶小新｜文案力：让每一篇文案都成为你的免费"销售员" / 097

2.3 水晶｜解决力：那些高效能女性，谁不是带着伤口奔跑 / 119

第三章 逆境突围

3.1 冰冰｜领导力：人少活多？用对方法就能让"小而美"创业团队实现高创收 / 139

3.2 唐宜妤｜识人力：阅人无数不如阅人有术，3招精准识别"对的人" / 158

3.3 王芳｜统筹力：又忙又累的全职宝妈用好统筹力，轻松做到"左手带娃，右手副业" / 176

后　记

半山腰太挤，我们顶峰相会！ / 192

[第一章]

线上超越

1.1 发售力：1场顶10场，熬夜也要学会的成交秘籍

温张敏

一、我的故事

2021年1月，我从前公司裸辞了半年，选择从零开始创业。尽管我早已做好心理准备，但创业之路比我想象的更加艰难。在招募了100个付费会员后，我遇到了招生瓶颈。在接下来的整整5个月内，我的第二期课程只招到两三个人，收入总额不足5000元。

面对巨大的开销压力，我迫切地寻求解决方法，如同病急乱投医一般，到处付费学习。可是，学得多、赚得少，"招生难"的问题始终得不到解决。我的积蓄似井水，汩汩外冒，几近枯

竭。我又累又难受，每天都在质疑自己：这就是创业者的状态吗？

在我几欲放弃之时，遇到了我的商业导师水青衣。在她的指导和帮助下，我重新规划了一个价值6000元的年度私教产品，并计划用3天的时间以线上发售会的形式来做营销与转化。如何在短短3天内让100个不太了解我的人愿意信任我并为我的产品付费6000元？我遇到了极大的挑战。我从未销售过客单价如此高的产品，所以只能认真去做前期调研。在调研中，我发现大多数人并未接触过线上私教服务，所以他们对我没有信任基础，对私教服务缺乏基本的了解，面对高客单价产品自然容易犹豫。

调研的结果使我更加灰心，也让我极度怀疑自己：是不是一次成交都无法达成？但最后，我达成了 12 万元的产品销售业绩，各个环节的效果也出人意料地好，还得到了发售群里成员们的高度认可。

在接下来的半年内，我在水青衣老师的引荐下多次操盘了多人的线上发售活动，成功帮助他们在微信上推广、转化自己的产品。在多位创业者身上屡次成功复制自己的线上发售经验后，我发现，掌握**发售力，借助微信群做一场"短平快"的产品批量成交活动**，已然成为我们普通人在线上轻创业，实现低成本、高成效的较好选择。

想要策划、执行一场成功的产品线上发售活动并不难，下面我将与大家分享其中 3 个核心经验。

二、我的经验

（一）促投入：用户参与，创造高认可

在做线上发售活动时，很多人都会遇到这样的问题：建好微信群后，迅速发几个大红包，预告活动开始。起初群里确实很热闹，成员抢红包抢得不亦乐乎，但很快，很多人领

完红包后就迅速沉默,只剩下群主一个人在群里"唱独角戏",无论是发产品还是发优惠,都没人搭理自己。

会出现这样的局面并不奇怪。想要真正持续吸引用户的注意力、给用户创造好的体验,靠的其实不是群主的卖力付出,而是需要激励用户在群里投入更多的精力,使大家都参与进来。

美国行为经济学家丹·艾瑞里对这种现象表示:"人们对自己制造或参与制造的物品会抱有更多好感,而且在参与的过程中投入的感情越多,就越容易高估该物品的价值。"尼尔·埃亚尔与瑞安·胡佛所著《上瘾》一书中也提到:"用户对某件产品或某项服务投入的时间和精力越多,对该产品或服务就越重视。"

在我操盘线上发售活动的6年经历中,通过对历次实现成交、转化的用户的行为数据进行复盘、分析后发现,没有参与过群活动的用户成交转化率几乎为0,而全勤参与群活动的用户成交转化率为50%~80%,这类用户多数都会表达出对产品和服务的认可。因此,在设计线上发售活动的过程中,我们可以设计更多的用户参与环节和引导机制,来筛选出拥有高认可度、高意向度的优质用户。

针对一场为期1~3天的线上发售活动,我会从以下两个方面入手来促进用户参与:

1. 引导用户发介绍，增强连接

你或许遇到过这样的情况：很多群主在用户进群之初就明令禁止群员之间相互加好友，以防止自己辛辛苦苦拉来的用户被人"薅走"。事实上，加好友这件事，宜疏不宜堵。一方面，有心薅流量的人仅靠一个群规则是防不住的；另一方面，一个封闭的社交规则很容易带给用户不好的体验，导致用户变得冷漠，失去在群内社交的热情，难以产生认同感和归属感。

因此，我们在用户入群之初，可以营造一个开放、友好的社交氛围，鼓励更多的人得体地与他人连接。

我的入群欢迎语通常是这么写的：

××，欢迎你。有你的支持是我们莫大的荣幸。

本群群规：但凡出场，自带价值；互助利他，互相吸引。我们鼓励大家互相连接，但一定要得体、礼貌，我不想给信任我的朋友造成困扰。感谢大家的支持。

入群后你可以做的两件事：

①做个简单又吸粉的自我介绍，与大家互相认识。

②随意发个小红包（金额不限）。

有了群规对社交行为的正向引导，大家会更注重自己的社交礼仪，得体地连接他人，滥发广告、滥加好友的现象也就不会出现。通过这样的引导动作，在活动中，用户参与率能达到近40%。

2. 引导用户发红包，增加关注

在上文的入群欢迎语中，你一定发现了一个小细节：请刚入群的用户在群里发一个不限金额的红包。常规的运营动作都是群主给成员发红包，但在这一过程中，用户仅参与了抢红包的活动，参与感是有限的。我们可以在发售活动中增加请用户发红包的环节，互相抢红包的热闹氛围能不知不觉地提升用户对该群的关注度与参与度。

除了在自我介绍环节引导用户发红包，我们还可以在其他环节设计红包活动，让时不时出现的"红包雨"吸引用户投入更多的时间和精力。例如：

在开场预热环节组织红包游戏。比如第8个发出红包的人可以获得礼品；在分享环节，讲到精彩之处时，让大家发个1元红包鼓励一下自己。

以上环节的设计不仅可以激励用户参与活动，还为运营者分析用户行为提供了便利的渠道。我们可以从中得知哪些用户持续活跃并关注群内的信息，从而更好地筛选出购买意向高的用户，为后续服务做好准备。

（二）塑口碑：用户见证，打造强信任

在网上购物时，你是不是也喜欢在看完商品介绍后，仔细翻一翻评论区中其他消费者的评价，以此来了解产品究竟是好还是坏？比起商家"王婆卖瓜，自卖自夸"的宣传，人们通常更愿意相信其他消费者真实、客观的评价。

社会认同原理表明："当我们在判断某一行为是否正确时，会根据别人的意见行事。"因此，在设计发售活动的环节时，我们可以加入"用户见证"的环节设计：邀请使用过该产品的用户本人来发表自己的感受和评价，帮助我们塑造产品和服务的口碑，从而提升其他用户对产品的信任度。

在水青衣和焱公子举办的为期7天的"IP打造年度社群"发售活动中，我就在其中3个环节融入了用户见证的设计：

◎环节1：榜样分享，通过典型成功案例讲述蜕变的故事

在活动的前5天里，我们每天都安排一名金牌领读人在

群里为用户领读《引爆 IP 红利》中的一个章节。

这 5 位领读人有的是初出茅庐，刚开始走上 IP 打造之路的"90 后"；有的是已经有十多年创业经验的"老司机"；有的是从职场转型，寻求线上轻创业破局思路的资深职场人；有的是从事多年线上营销工作的微商团队队长。他们是《引爆 IP 红利》中的案例的主角，同时也是水青衣、焱公子两位老师的私教学生。

在领读的过程中，他们都分享了自己在两位老师的教导下获得结果、做出成绩的故事和成事方法。选择这 5 位不同经历、不同资历背景的成功案例的主角进行榜样分享，是因为每个人都是一群人的典型代表。

基于社会认同原则，人们更倾向于效仿与自己相似的人，而不是跟自己不同的人。如果一种行为出自跟我们相似的人，我们就会对它更有信心，认为这一行为对自己来说也是有效、可行的，并使自己能被社会接受。这种现象叫作"同侪说服"。所以，在设计成功案例分享的环节时，我们可以针对自己用户的群体特征，根据不同身份、特点寻找典型案例。邀请他们来做用户见证的分享，更容易引起与其相似的人群的共鸣并获得他们的信任。

◎环节2：复盘收获，设置奖励，激励用户自发评价

如果说榜样分享是从"同侪说服"的角度增强用户对产品的信任，那么写复盘收获这一环节就是从"自我说服"的角度强化用户对产品的认可。

著名心理学家埃利奥特·阿伦森说："在直接的说服过程中，听众会逐渐意识到自己正在被另一个人说服。当他们开始自我说服时，他们相信改变自己的动机源自自己的内心。"基于这一点，我们在每天的学习、分享环节结束后设置了复盘环节，并提供复盘模板、设置复盘奖励，鼓励用户积极地分享自己的收获和感想。

这一环节会促使很多人在总结自己的收获的过程中表达出对产品或服务的认可，从而实现用户的"自我说服"。

◎环节3：答疑诊断，直播连麦解决困难，获得直观体验

现在，直播已经越来越被大众所接受。相比于文字、语音和视频，直播中真人实时互动的场景可以给人们带来更直观、更真实的体验。将直播加入用户见证环节中，对用户信任度的提升可以达到事半功倍的效果。

在"IP打造年度社群"发售活动中，我们每天会从写复盘收获的用户中选出5名"优秀复盘用户"，奖励他们与

老师直播连麦。

在5分钟的时间里，水青衣老师会针对他们提出的困惑给出"快、狠、准"的解答或建议。为了提升直播连麦的用户见证效果，我们还安排了运营官在群里进行实时转播，通过截取高光片段图片、金句语录、"1分钟诊断精华"片段视频的方式，将直播间中的精彩信息传递到群里，以吸引更多的用户到直播间来，在现场感受水青衣老师的答疑功力。

在直播结束后，我们还会让参与连麦诊断的学员将自己的收获、感悟发到群内。这一动作既是从"自我说服"的角度强化其本人对服务的认可，也是从"同侪说服"的角度增强群内其他用户对我们的信任。在最终的转化结果中，参与连麦诊断的用户成交转化率高达90%。

有了以上几个用户见证环节的层层加持，群内很多用户对两位老师的服务十分认可，在活动的第7天正式发售年度会员产品时，直播间成交额突破21.3万元，之后几天的长尾成交额更是突破了30万元。

（三）降门槛：感知价值，付款不犹豫

为什么很多时候，我们明明设置了十分优惠的价格福利，仍然有很多顾客到了决定是否购买的这一步时犹豫了？

现代营销管理学之父菲利普·科特勒在《营销管理》一书中对"顾客感知价值"一词做出了解释：顾客感知价值是潜在顾客对产品及其已知的替代品感知的所有利益与所有成本的差额。即"顾客感知价值＝顾客感知获得利益－顾客感知付出成本"。**当顾客评估其获得的总体利益高于所付出的总体成本时，才会考虑购买产品，反之就会放弃购买，且感知到的价值越大，购买的可能性越大。**那么，我们就要在发售环节中增加顾客对获得利益的感知，弱化其对付出成本的感知。

以我操盘的"谷燕燕的HR个人品牌私教产品发售会"为例，在活动具体的操盘过程中，我从以下3个细节入手：

1. 设置价值锚，感知得到才是真划算

你或许见过这样的场景：很多护肤品牌在做活动时，会通过"买100毫升送100毫升"的表达，用正装的价格作为"价值锚"，让用户感受到赠品的性价比。所谓"价值锚"就是在用户的认知常识中设置一个其能感知得到的价值参考标准，来凸显产品的性价比。

在知识付费领域，私教产品的交付通常是以一对一通话辅导的形式进行的。如果用户没有体验过此类服务，他们对于一次通话能给自己带来多少价值的概念是非常模糊的，这样一来，

操盘者就很难完成用户转化。基于这一点，我们为谷燕燕的私教产品做营销方案时，就围绕 HR 用户能够感知到的价值点做了十分细致的卖点拆分（见图 1-1 和图 1-2）。举例来说：

（1）根据培训内容，提炼出 6 大私教密训课程模块，并对每个课程进行标价；

01

6 大密训课程（总价值 10174 元）
体系化培训，升级你的个人品牌赚钱体系

1.《个人品牌必修课》
找到价值百万的个人发展路径——价值 699 元

2.《IP 商业内容变现营》
让你创造的每一个字都值钱——价值 1099 元

3.《自媒体运营必修课》
教你用低成本内容精准捕获粉丝——价值 799 元

4.《人脉运营必修课》
学会激活旧人脉，创造营收新增长——价值 599 元

5.《知识产品研发必修课》
从 0 到 1 打磨自己的爆款成名课——价值 1999 元

6.《线上批量成交课》
给你一套"自成交"产品发售方案——价值 2299 元

★ 限时加赠：《水青衣 IP 小爆款财富倍增营》
100% 打造 5 位数播放量短视频——价值 2680 元

图 1-1　谷燕燕私教课程海报（1）

（2）围绕服务模块，提炼出6大陪伴辅导服务，强化价值感知；

（3）增加一个限时附赠福利——《水青衣IP小爆款财富倍增营》。这个训练营的定价是2680元。

02

6大陪伴辅导（总价值172200元）
保姆式指导，打通你的个人品牌运营卡点

1. 通话指导 每周一次60分钟一对一通话指导
（价值1999元/次，24次总价值48000元）

2. 商业新知 每周一次60分钟商业小课
（价值1699元/次，24次总价值40000元）

3. 人脉连接 线下6小时个人品牌私董会
（价值4800元）

4. 形象升级 线下一次个人形象指导课
（跟从米兰时装周归来的大咖学习）（价值9800元）

5. 渠道资源 优先推荐优秀私教学员入驻各大平台
（价值59800元）

6. 案例学习 每月一次大咖分享活动
（价值9800元）

★还有各种产品供应链资源共享
（价值过大无法衡量）

图1-2 谷燕燕私教课程海报（2）

在这里，单项课程价值、辅导服务价值、限时加赠训练营价值都是我们设置的"价值锚"，对比以上几项的价格，6980元的优惠价就会显得十分划算。

2. 降低心理防线，预付订金以锁定名额

当然，即使是性价比再高的产品，6980元的价格也会让很多人犹豫。为了进一步削弱用户对成本的感知，我们设置了付订金以锁定名额的环节来降低用户的心理防线，他们仅需支付100元的订金，即可锁定优惠名额，进入审核阶段。

心理学家研究发现：一般情况下，人们都不愿接受较难完成的要求，但乐于接受较容易完成的要求；人们一旦接受了一个微不足道的要求，就有可能接受更多、更难的要求。这种心理现象被称为"登门槛效应"。价格为6980元的产品或许对于很多人来说都需要再三思考，才能决定要不要购买，他们不会轻易消费，但让他们先支付100元的订金就会容易很多。当这一批人先接受了100元订金的门槛，愿意试一试这项服务，我们就可以通过后续的一对一沟通更好地实现成交转化。

3. 做风险承诺，退订金并送等价值礼物

即使通过预付订金的方式将用户的心理门槛降低了，依

然会有一部分用户担心后续的产品和服务不适合自己，会面临进退两难的尴尬局面。所以我们还会在成交环节做出"负风险承诺"：凡是预付100元订金的用户，我们都会赠送一次一对一咨询服务，为他们答疑解惑，如果在咨询过程中感觉不满意，订金全额退，并且还会赠送等价值的实物礼品，作为感谢和补偿。

这一环节的设置可以在很大程度上消除用户的顾虑，让他们觉得付100元的订金对自己不会有任何损失，反而可以额外得到东西。这一引导过程让更多有意向下单的用户在几乎没有心理负担的情况下支付订金，从而提升转化效果。

通过以上3个细节设置，谷燕燕的私教产品报名人数最终达到了20人。

【本文小结】

通过以上经验和方法，我们不难发现，一场线上发售活动成功的核心在于精准把握用户心理并对其进行合理的引导：设计促进用户参与的环节，让用户愿意在群互动上花更多的时间和精力；通过榜样分享、收获分享等方式实现用户见证，增强用户信任感；通过设定可感知的"价值锚"、让用户预付订金、做出负风险承诺等方式引导用户做出购买决策。

把握好以上 3 个关键点，掌握线上营销的底层逻辑，每个人都可以从 0 到 1 组织、策划一场口碑爆棚的发售活动，实现低成本批量爆单，引爆线上业绩增长。

1.2
运营力：抓好3个关键，新人也能在自媒体游刃有余

朱行帆

一、我的故事

2016年，我在北京的一家互联网公司从事运营工作。我在学校的外联部历练过，自以为对活动策划轻车熟路，我又有采编经验，产出的作品内容不错，于是对工作信心爆棚。但入职后才发现，运营岗涉及的工作很多，包含活动、内容、用户、产品、数据等。一些专业术语我甚至都没听过。我一边恶补知识，一边实操演练。公司有相关项目，我几乎都是第一个报名的。下班后，我上网课自学；周末就乘地铁去首都图书馆看专业书。

我的新业务逐渐步入正轨，但自己原本引以为豪的活动和内容运营技能却没有任何突破。2 万粉丝、0 爆款内容、0 热门活动，一切都乏善可陈。在一次复盘会结束后，产品经理对我说："你根本不适合做运营。"我当时只是笑笑，但晚上回到家后心情很沮丧。

几个月后，因公司经营不善，我离开老东家，转战一家电商公司。进入新公司后，因为工作积极主动，领导和同事都比较认可我，但我核心业务能力不足的问题一直都存在。一年下来，我没有漂亮的成绩，整体表现平平。

为了有所突破，我花费 6 位数的金额进行各种学习：在短短的一年内，我报了35门线上、线下课，约见了10多位行家，深入研究了50多个品牌和账号，还进行了很多延伸领域的新尝试。终于，我有了进步。我带领团队打造公众号矩阵，通过裂变引流和跨界活动等方式实现粉丝增长；从0到1搭建小红书和哔哩哔哩账号，产出了多篇点赞量破万、浏览量10万以上的爆款内容。

这段经历让我对自媒体运营有了深刻的了解。若是想在微信、小红书、抖音、哔哩哔哩等自媒体平台做出成绩，可以抓住"内容运营""活动运营""用户运营"3个关键点，以进行宣传推广和营销转化。

二、我的经验

（一）内容运营：通过粉丝参与和热点分析确定内容方向

自媒体新手在刚开始运营账号时，经常会遇到的问题是做内容没有方向。内容方向指的是文章、视频、音频等内容的整体指向，是一个账号后续所有内容运营策略的执行基础。

确定内容方向能帮助我们更有针对性地输出内容，更好地满足粉丝对内容的需求，并且有助于后期的推广。反之，内容方向出现偏差则会事倍功半，甚至会引起粉丝反感并导致粉丝取消关注。我们可以通过粉丝参与和分析热点两种方式来确定内容方向。

1. 通过粉丝参与来确定内容方向

小米公司在研发"MIUI"操作系统时，通过论坛收集粉丝意见，并根据意见每周快速更新版本。在内容产出方面，也在公众号等自媒体平台上与用户频繁互动，准确掌握粉丝对内容的真实需求。

(1) 参考高赞评论的建议

粉丝主动对某一作品发表的评论，特别是高赞评论，反映了粉丝群体的共性需求和共同偏好。所以，我们可以重点关注对标账号或自身账号平均点赞数较高的作品，整理出粉丝在高赞评论中普遍反馈的问题和建议，以此作为选题参考进行内容策划和创作。《爆款小红书：从零到百万粉丝的玩赚策略》一书提到："高赞评论是一把利器，加以利用可形成新的爆款选题。"这句话也刚好印证了这一观点。

在小红书平台上，有一篇名为《央视推荐120部女生必看的王炸纪录片》的爆款笔记，这篇笔记的高赞评论是："居然没有《河西走廊》？"创作者根据高赞评论的建议对内容进行扩写，产出了一篇新的爆款笔记——《被纪录片喂大的女孩子格局有多炸裂》。

(2) 通过互动了解粉丝需求

邀请1~3个月内比较活跃的粉丝参与内容产出的环节，通过互动进一步了解粉丝的想法，最终确定内容方向。需要注意的是，你要沟通的粉丝人数不能过少，至少保证沟通对象在100人以上，这样结果才有参考价值。

具体的方法有以下4种（见表1-1）：

表1-1　通过互动了解粉丝内容需求的方法

	工具／手段	具体做法
1	公众号投票工具	让粉丝评选出年度最佳文章
2	微信朋友圈	邀请粉丝留言，选出高质量选题
3	语音、视频、面对面	进行一对一内容沟通和交流
4	自媒体后台私信功能	用在线文档引导粉丝写出兴趣话题

最后一种方式我们使用得较为频繁，下面举一个具体的例子。

我通过小红书和哔哩哔哩等自媒体的后台私信功能与3个月内比较活跃的粉丝进行沟通。我使用在线文档引导粉丝写出他们最想解决的问题。在与100多名粉丝沟通后，我发现"脸型判断"这一话题的关注度最高。于是，我和团队以此为选题参考，发布了名为《最全脸型自测攻略 | 3步判断脸型，精准变美！》的视频，24小时内收获了2.87万浏览量、单篇涨粉592人的好成绩。

2. 通过热点分析来确定内容方向

热点主要包括节日热点、社会热点。节日热点是指按时间节点有规律地出现的热点,而社会热点是突然发生的、不可预估的热点。这两种热点自带话题和流量,能获得人们的普遍关注,可作为重点考虑的内容方向。内容创作者要做的,就是将人们对热点内容的关注,用巧妙的方式转变成对你自身账号的关注。下面我来分享3个步骤。

◎步骤1:制作热点分析表格

以我之前制作的月度热点分析表(见表1-2)为例,将当月的节日,如儿童节、端午节等,填入"节日及社会热点"一栏里。同时,关注一些热点平台和工具,如微博热搜、今日热榜等。出现相关社会热点时,及时将其整理入下表。

表1-2 月度热点分析表

	月度热点分析表(6月)		
	节日及社会热点	粉丝兴趣关键词	可拓展的相关主题
第1周	6月1日儿童节	儿童节:福利活动、怀旧情结、高质量陪伴、安全问题等	儿童节 #六一福利专场 #一句话暴露年龄 #长大后的梦想 #BC(白贝壳)灵魂画手涂鸦大比拼

(续表)

	月度热点分析表（6月）		
	节日及社会热点	粉丝兴趣关键词	可拓展的相关主题
第2周	6月7日至6月8日 高考 端午节	1.高考：考试、教育、梦想、奋斗 2.端午节：小长假、传统文化、粽子	1.高考 #BC十级忠粉高考全国真题 #请别再说"别人家的孩子" #学霸专场｜宝宝智慧启蒙好物 2.端午节 #给孩子的"粽子图鉴"请查收 #端午节亲子出游攻略
第3周	6月16日 父亲节 6月18日 年中大促	1.父亲节：成长、养育、亲子游戏 2.年中大促：大促、剁手、购物车、优惠	1.父亲节 #亲子游戏大盘点 #没想到你是这样的爸爸 #BC员工爸爸的故事 2.年中大促 #618，省钱硬道"礼" #年中好物大盘点 #BC 618员工内购表外泄
第4周	暂无相关热点 主推BC选品师	BC选品师、设立初衷、参与条件	BC选品师 （做公司素人海报，讲述BC选品师诞生背后的故事。）

◎步骤2：梳理出粉丝的兴趣点

基于整理好的热点，梳理出粉丝的兴趣关键词。比如在六一儿童节，粉丝普遍关注的关键词是：儿童节福利活动、童年怀旧情结、高质量陪伴、儿童安全问题等。

◎步骤3：拓展并确定内容主题

最后，根据热点和粉丝兴趣点，拓展并确定具体的内容主题。例如，母婴品牌Babycare（白贝壳）在儿童节发布了《六一福利｜我卖萌，你买吗？》和《长大后想当什么？小孩。》两篇文章，都获得了较高的浏览量。

需要提醒的是，节日相关的内容一般会提前发布，建议提前制作月度热点分析表以作参考。

（二）活动运营：用三阶分段法设计自媒体活动

自媒体活动是指为了在短期内快速提升重点指标，在微信、微博、抖音、小红书等自媒体平台发起的单次或系列活动。自媒体活动的形式包括有奖竞猜、免费抽奖、邀请有礼、H5（互动形式的多媒体广告页面）游戏、跨界联动等。与传统活动相比，自媒体活动有着粉丝关注度高、自主操作性强、传播扩散性好的特点。用运动来打比方，如果说自媒体内容是"常态化"的跑步训练，那自媒体活动就是"突击性"的加强拉练。自媒体活动能够快速引起关注、引发讨论、进行传播，在品牌的各个发展阶段都不容小觑。

"无活动，不运营。"一场精心设计的自媒体活动，可以带来可观的流量，很好地宣传、推广产品，提高品牌的知名度、美誉度，还能促成销售，有效提高市场占有率。设计一场自媒体活动需要从整体流程进行考虑和规划，每个细节都至关重要。具体怎么设计呢？

1. 三阶分段法

三阶分段法是指从筹备阶段到执行阶段，再到收官阶段来设计自媒体活动的方法。每个阶段环环相扣，层层递进。筹备阶段重点增强粉丝关注度；执行阶段充分发挥自主操作性；

收官阶段着力加强传播扩散性。

◎第一阶段：活动筹备

粉丝关注度高是自媒体活动的一大特点。在筹备阶段做好以下工作，可以有效提高粉丝关注度。

（1）首先，在活动筹备前期制定活动预算时，就要把给粉丝的相关激励奖品成本考虑在内；

（2）接着，通过自媒体后台查看粉丝数、活跃度等重要数据，找到粉丝相对密集且互动频繁的地方，以此作为核心活动平台；

（3）最后，设计对粉丝有吸引力的福利活动，尽量将玩法设置得简单、易懂、好操作。

值得注意的是，你需要提前做好意外情况应急方案。比如，当流量不好时，如何通过其他平台和渠道进行流量补给？当流量超过预期时，如何给粉丝发放加码福利？

◎第二阶段：活动执行

在执行阶段做好以下两项重要的工作，可以为活动的收尾工作打下扎实的基础。

（1）采用内容丰富、形式多样的推广素材。除了采用常规的图片、文章等形式外，还可以使用音频、视频、社交海报等素材在自媒体平台进行活动预热和正式宣发。

（2）借助第三方网站或自媒体官方后台进行数据监测，根据粉丝关注的情况和实时的反馈灵活调整运营手段，如调整活动的推送时间等。

◎**第三阶段：活动收官**

到了活动收官阶段，并不意味着活动已经结束，你还要做好以下 3 件事。

（1）收集、整理粉丝在自媒体账号上发送的评论和私信，对提出好的建议的粉丝表达感谢并给予一定奖励。

（2）通过激励手段让粉丝在其他自媒体平台上发声，进一步增强活动的传播扩散性。

（3）对活动进行复盘、总结，整理出活动经验。

2．事例

我曾做过一场"双 11 一万份免单"的自媒体活动，下面我就以这场活动作为案例，对上述各个阶段进行对应拆解。

(1) 筹备阶段

在活动筹备阶段，我们在制定预算时申购了一批限量礼盒作为奖品。通过查看后台数据，我们发现微信公众号累计有5万多名粉丝，且在近一个月内粉丝相对比较活跃，于是将微信定为核心活动平台。我们提前准备好活动海报和文案，活动开始后，用户只需将图片转发至朋友圈并集88个赞，即可免费获得礼盒。我们还准备了加码福利应急预案，及时发布推文《除了10000份免单，Babycare还有锦鲤大礼包给你！》。

(2) 执行阶段

进入活动执行阶段，除了采用日常的图片、文章素材等形式外，我们还通过专属代言、社交海报等多种形式进行活动预热和正式宣发。通过查看朋友圈互动情况及公众号后台数据，我们发现宝妈活跃时段在23点至次日凌晨2点。于是，我们灵活调整了活动时间，将公众号推送时间改为23点左右。

(3) 收官阶段

到了收官阶段，我们及时收集、整理了粉丝在微信朋友圈及后台私信中反馈的问题，对提出好建议的粉丝表达感谢，送出新品试用的福利。并通过加赠奖品等激励手段，引导粉丝在抖音等平台带话题分享活动，较好地延续了活动热度。最后，我们对活动从筹备期到执行期，再到收官期进行全面复盘，总结出活动经验。

运用"三阶分段法"精心设计的这场自媒体活动不仅达成了"双11"造势宣传的目的，还调动了粉丝的积极性，促活的效果相当不错。

（三）用户运营：巧用"WWH"运营模型持续开展工作

除了抓住"内容"与"活动"这两个关键点外，如果我们想让用户运营工作长久地开展下去，还需要站在用户的角度充分挖掘其需求。

如何才能从自己的角度切换到用户的角度，以挖掘用户需求？我们可以借鉴营销理论中的品牌运营模型"Who？What？How？"来开展下一步工作。在"Who？What？How？"运营模型（以下简称"WWH"运营模型）中：

"Who？"代表"核心用户是谁？"即绘制用户画像；
"What？"代表"用户需要什么？"即分析用户需求；
"How？"代表"怎样满足用户需求？"即打造用户体验。

1. 方法步骤

通过"WWH"运营模型充分挖掘用户需求有3个步骤：绘制用户画像、分析用户需求、打造用户体验，具体的操作方法如下。

◎步骤1：绘制用户画像

绘制用户画像是用户运营的重要工作之一，但并不复杂。

（1）通过各个自媒体平台自带的用户分析功能整理账号粉丝的相关特征。基本特征包含性别、地域等，兴趣特征包含穿搭、美食等，行为特征包含活跃时段、关注渠道等。

（2）统计各平台重合度较高的粉丝相关特征，如小红书和哔哩哔哩平台的粉丝兴趣特征里都有"穿搭",就把这一关键词提炼出来。

(3) 根据"基本特征＋兴趣特征＋行为特征"这一公式组合、完善关键词,将其用文字描述出来即可。

◎步骤2:分析用户需求

用户需求,顾名思义就是用户对各种信息及相关服务的需求。《用户力:需求驱动的产品、运营和商业模式》这本书中提到:"可以将网民对于网络的基本需求分为4类:娱乐休闲、沟通交流、获取信息和实用服务。"分析、掌握用户需求,是做用户运营需要掌握的核心能力之一。

如何做到这一点?利用腾讯问卷做调查是不错的方法。

首先,制订调查计划。计划包含调查人群和样本数量,以及采用的调查方法(如定量调查、定性调查)等。

其次,在腾讯问卷上设置相关内容。标题需清晰明了,摘要要简洁,问题应由浅入深。一般设置15~20个问题即可。

最后,借助平台的数据统计功能查看结果。列表中反馈较多的问题为用户核心需求。我们可就此展开内容、活动等运营,如用户对哪类内容需求最多,就可多输出此类文章和视频。

◎步骤3：打造用户体验

有了用户画像和用户需求，最后一步就是打造良好的用户体验。用户体验是用户在查看内容、使用产品、参加活动等过程中产生的一种综合感受。

想要打造良好的用户体验，可以从以下3个层面入手。

（1）感官层面。统一设计自媒体账号的头像、背景图、强调色、片头和片尾音乐等，刺激用户观看、订阅；

（2）情感层面。通过亲情、友情、爱情主题视频，怀旧H5小游戏等，促使用户为情感买单；

（3）服务层面。通过给粉丝答疑解惑、实现粉丝礼物心愿等，进一步满足其个性化需求。

2. 案例

以我曾做过的一个"素人改造"活动作为案例来看一看这3个步骤的具体应用。

(1) 绘制用户画像

我们借助小红书和哔哩哔哩的用户分析功能，统计重合度较高的用户相关特征，提取出核心关键词，再通过"基本特征+兴趣特征+行为特征"的公式绘制基础用户画像。得出的结论是：用户 90% 以上为女性，居住在一二线城市，以 18~34 岁的女大学生和女白领为主，喜欢在 21 点至 23 点看美妆护肤、时尚穿搭教程和影视类视频。

（2）分析用户需求

绘制用户画像后，我们使用腾讯问卷进行定量调查，通过分析发现，问题列表中"素人改造"的数值较高，于是将其作为固定栏目在小红书和哔哩哔哩更新。我们发布的《素人改造｜温柔知性妆，精致干练气质 up！》视频成了"10W+小爆款"。因效果不错，我们又相继与造型、街拍品牌跨界合作，推出"美力值 UP 计划素人改造"系列活动，粉丝反馈较好，纷纷表示"想换头"。

（3）打造用户体验

为了打造良好的用户体验，在感官层面，我们对视频进行整体视觉设计，确定了以人物大图、对比图作为主封面的样式，以黄色和红色为强调色，并统一加上片头音乐和片尾引导动画。

经过调整的视频更符合用户观看喜好，破万浏览量的视频明显增多（见表 1-3）。

表 1-3　整体视觉调整前后破万浏览量视频数对比

	破万浏览量视频数
视觉设计调整前	2 个
视觉设计调整后	20 个

在服务层面，我们为作品设置了置顶评论："有什么关于化妆的问题或想了解×××，欢迎随时留言或私信。"并且我们还及时地为粉丝答疑解惑。以上两个动作都更好地满足了用户的需求。

【本文小结】

在"人人都是自媒体"的移动互联网时代,每个个体和组织都可以通过自媒体平台发声,越来越多的公司和品牌也希望在自媒体领域占得一席之地。自媒体运营力已成为互联网电商等行业从业者的一项核心能力。我们可以通过粉丝参与和热点分析确定内容创作方向;使用三阶分段法设计自媒体活动;通过"WWH"运营模型的3个关键点挖掘用户需求,这样我们就能在自媒体平台实现宣传推广和营销转化的运营目标。

1.3 直播力：从0到1学习直播技能，轻松从新手变为高手

陈璐　钟华琴

一、我的故事

2020年，疫情来临，我的线下业务全面受挫，线上团队人员流失，门店、医馆相继关闭，公司业务停滞，导致创业10年的我陷入负债累累的困境。为了寻找新的出路，我开始尝试直播创业。起初，我在快手平台直播，疯狂拉着同事、朋友支持，宣传我的直播，却发现每场都只有自己人来捧场。就算嗓子喊哑了，一天下来也仅获得700元的收入。之后，我又转战淘宝，每天雷打不动地做3小时直播。我想着在两个平台双管齐下，自己的直播人气总会有所突破，但淘宝场的观看人数经常不超过40人，同样是忙碌一天，也只能卖出几百元的商品。

在随后的大半年内,我每天都花很多精力去各大平台的大咖直播间学习、阅读直播书籍,可是投入与产出完全不成正比。我变得垂头丧气。

恰好此时微信视频号的直播功能开放,我抱着试一试的心态在这里做了直播。没想到只播了 1 小时,观看人数就超过 100 人,而且大多数是陌生人。他们在围观后很快就会下单。这次的营收成绩让我有点意外,它到底是偶然还是契机,我要不要继续做呢?

我找到了我的商业 IP 导师水青衣进行咨询。在得知我的失败经历以及在视频号上的"玩票"成绩后,她肯定了我的思路,并建议我先在视频号上直播 100 天。我便听取了她的建议。我在视频号直播间中卖水果、卖零食、卖课程、卖咨询……但凡商品成交,我都会找出原因并将其逐一记录,

再优化直播话术。很快，9个月过去了。我做出了直播课程，所指导的学员从不会播到会播、从不会销售到频频出单。我在视频号的直播创业使我获得了近7位数的营收。

这些经历让我相信，普通人只要掌握直播技能，是能实现线上低成本创业并获得新的就业机会的。结合我这一路走来的经历，我将向大家详细分享我的经验。

二、我的经验

在知名主播的直播间，只要主播提高音量对着镜头喊出："3、2、1，上链接！"直播间的产品就会被"秒杀"一空。为什么他们的直播成交力这么强？这与其个人品牌效应以及和用户之间构建的长期信任关系有关。如果用户对你的信任度高，那么不论他们是否有需求，都有可能产生购买行为。但新手主播缺少这样的影响力。

在影响力缺失的情况下，还想在直播间成功出售商品，就需要多思考直播销售的两个特质，即直播用户特质及直播场景特质。

◎用户特质

从来源上看，直播用户主要来自"主播引流"和"系统推荐"。

主播引流是指通过主播自身渠道（如朋友圈、社群、公众号等）吸引来的用户，通过这些渠道吸引来的用户对主播有一定的熟悉度与信任基础，成交相对容易。

系统推荐是指直播平台给主播推荐的用户，或者是被福利、直播封面等吸引来的用户。此类用户对主播无感知、无信任，想要实现成交就需要针对这些用户为直播做相应设计。

◎场景特质

直播销售和线下销售的主要区别是用户是否有对产品的真实体验。在直播销售中，用户缺乏这种体验将导致其在自身需求不明确的情况下面临选择成本高、购买决策难的问题。但直播销售与传统的线上销售相比又具有其独特性——用户可以在直播间通过主播对产品的充分展示、与观看者的互动来获取相关信息，进而打消顾虑，完成交易。

根据直播的这两种特质，新手主播在直播间的首要任务便是学会与用户构建信任关系，从而有效降低用户的选择成本；其次，要对用户类型进行分析，挖掘用户的需求，解决用户的痛点，激发用户下单的欲望；最后，在把握用户需求的前提下，针对不同用户选择相应的营销策略，加速成交。

那么，具体该怎么做？

（一）构建信任

新手主播通常都缺资源、缺背景，因此在用户看来，他们在直播间销售的产品性价比会相对偏低。在这种情况下想要快速获得用户的信任，需结合选品思路做营销设计。在这里给大家推荐3个步骤，我把它称为"直播间构建信任三板斧"。

◎步骤1：自用分享

在直播销售产品的过程中，选品是第一要素。主播可依靠自己选购商品的态度来赢得用户的信任。例如，可利用自用商品的故事作为案例拉近自己与用户的距离，打造"同频人设"以促进客户做决策。通过创造用户与自己感同身受的体验，来削弱用户对产品性价比的追求，使自己成为用户心中的良心主播。

举个例子：我的一位学员是宝妈，她在直播间里销售一些价格相对较高的健康零食时，经常会站在为自己的孩子选购零食的角度，提出自己的选品要求是"少糖、少盐、0添加、非油炸"等。同时，因大多数宝妈会担心孩子出现零食吃得多、主食吃得少的情况，她会在直播间里建议用户不妨以"少量多次"的方式购买，或以阶梯式奖励的方式分批次让孩子吃零食。

这些自用分享话术既能为宝妈群体解忧，又能使自己因与用户站在同一阵线而获得好感。她很轻松地就建立起自己与用户之间的信任关系，让直播销售变得容易。

◎步骤2：充分展示

展示产品是直播销售的必要环节，主播在直播前要对产品进行全面的了解，如外观、细节、产地、原料、销量、权威背书等。了解了这些信息后需设计好展示流程，让用户在视觉上对产品有最直观的感受。值得注意的是，主播要多在直播现场试用产品，或者搭建使用场景以充分展示产品的用法，为用户营造真实的体验感。

我的学员几几想在直播间销售书籍。每次直播前，她都会收集好所售书籍的信息，如图书网站的首页推荐截图、读者的好评反馈截图等。在直播时,她会把这些图片展示出来,并分享自己的阅读体会。

完全是直播新手的她以这样的方式在 10 场直播后就能成功售出图书。

◎步骤 3:售后承诺

主播分享完自用体会并对产品做了充分展示后,若用户依然有顾虑,下一步该怎么办?

主播可以做出相应的售后承诺,提前为用户规避风险,提高用户对产品的信心。比如,我常常在直播间里针对用户的顾虑告诉他们:"如果使用后无法达到主播所说的效果,我们将提供免费退换货服务。"同时,主播还可以针对产品的特性提供包邮、包运费险的服务或做出"假一罚十"的承诺,以此来降低用户决策成本,加速成交。

（二）挖掘需求

在直播销售的过程中往往会出现这种情况：直播间明明有人气，但下单的用户却不多。根据我的经验，发生这种情况的原因是主播没有挖掘到不同类型用户的需求，没有给出针对性的解决方案。这时我们应该怎么办？

1．分析用户类型

直播间通常会有3种类型的用户。第一种是休闲型用户，他们为了打发时间或出于猎奇心理而来到直播间；第二种是消费型用户，即喜欢网购、追求性价比的用户；第三种是学习型用户，以同行或慕名而来的用户为主。

针对这3种不同类型的用户，以下的营销策略供大家参考。

（1）休闲型用户

这类用户一开始并不是为了购物而进入你的直播间。他们可能是直播平台的老用户，自己关注的主播未开播或者关注的主播直播间中没有自己需要购买的产品，因而在直播平台上"闲逛"时进入了你的直播间；他们也可能是刚开始对直播消费感兴趣的新用户，来这个平台上体验时偶然进入了你的直播间。

针对这类用户，主播要弱化产品推销，先围绕情感让用户对主播产生兴趣。比如主播分享自己使用产品过程中发生的趣事、选品时遇到的糟心事，和用户一起"吐槽"，让其跟着自己"操心"。让主播快速与用户实现情绪、情感上的同频，在潜移默化之下用户会对产品产生购买欲望，最终实现成交。

（2）消费型用户

这类用户是直播间的主流消费群体，他们有稳定的购物习惯和计划，进入直播间的目的明确，只要产品符合他们的需求，就会购买产品。

针对这类用户，主播要在保障产品品质的前提下，积极、热情地和用户互动，营造产品体验、服务场景，让用户感觉到产品物超所值，将明确需求转化为迫切需求，加速成交。

（3）学习型用户

直播间中还会出现同行或慕名而来的用户，他们可能对主播感兴趣，想从事这个行业，所以进直播间进行模仿、学习；他们也可能对产品感兴趣，经朋友推荐或通过其他渠道进入了直播间，来体验直播消费。

针对这类用户，主播可以从职业、行业（如主播从事的行业、想要实现的梦想）等话题和用户实现情感上的同频，也可以挖掘产品使用场景以帮助用户将需求具象化，让用户明白自己对主播推荐的产品是有需求的，最终达成交易。

以上3种类型的客户虽各不相同，但我们都可以通过以下两种方式挖掘出他们的需求。

2．挖掘用户需求

◎方法1：场景挖掘

在直播销售的过程中，主播虽无法决定什么样的用户会来直播间，但可以决定卖什么产品。因此主播可以从产品着手，结合产品的使用时间、地点、人群等来挖掘产品的使用场景。将用户需求具象化，让非刚需产品变成某场景下的必需品。以此来满足直播间中不同类型用户的不同需求，激发用户的购买热情。

某新手美妆主播在销售一款便携式精华液时，就巧妙地使用了场景挖掘的话术：

"你们平时出门旅行或出差时，是不是每次都在化妆包里塞满各种瓶瓶罐罐？这样真的很麻烦！如果你拥有了这款精华液，就不再需要爽肤水、乳液、眼霜，一瓶满足你的护肤需求！化妆包是不是瞬间变轻了？这个精华液一支正好是我们一周要用的量，用完就可以将它丢掉，特别省时、省力、省心。"

这一段话能引起对产品便捷性有要求的用户的极大兴趣，提升了下单率。

◎方法2：同频挖掘

某些时候，主播在直播间中销售的产品并非用户所需，但用户依然会下单，这是因为主播在介绍产品时唤醒了用户关于身份、情绪、梦想的需求，激发了用户的购买欲望。因此，主播还可"以人为中心"，采取"同频挖掘"的方式，找到用户的兴奋点、痒点，将之与产品的卖点进行衔接，与用户建立情感联系，从而放大用户的购买需求，甚至使他们主动宣传你的产品。

例如，我在直播间售卖自己的课程《30天直播高成交训练营》时，经常会讲述自己刚开始直播时的窘况，比如词不

达意、没人与我互动，或是因不了解直播平台规则而常常被警告等，引起了很多想做直播却不敢行动的用户的共鸣。

之后，我会告知这些用户，为避免以上窘况发生，我的课程专门提供一整套可以在直播间照着读的脚本以及直播"防摔坑"秘籍，借此让他们放下焦虑，产生购买欲。也正是这套话术使我在直播间轻松招募到百余名学员。

（三）打消顾虑

直播销售最艰难的时刻无疑是"收单"时刻。这时会有部分用户明明有需求，却一直问东问西，迟迟不下单。出现这种情况的原因无非就是用户的顾虑未完全打消。我们应该怎么办呢？

1. 常见的两种使用户产生顾虑的原因

（1）担心货不对板

很多时候，用户会担心自己购买的产品并不像主播说得那么好，也就是产生了"货不对板"的顾虑，导致其迟迟不做出下单决策。针对这类顾虑，建议主播与用户进行互动，比如直接向用户提问："你们更喜欢 A 款，还是 B 款？"或者直接告知用户："加客服微信，7 天内包退换。"

也可以使用下文中的"假定成交策略",将用户带入已经下单的情境中,让其自发产生购买行为。

(2) 体验缺失

直播销售和线下销售最大的差别就是用户是否能在现场体验产品。在直播销售中,用户无法对产品的材质、成分等特质做出直观判断,从而影响下单决策。对于这种顾虑,建议主播在直播现场演示下单流程、讲述产品验货方式、展示产品使用说明等。用户若还纠结于要不要下单,主播还可以一边试用产品来呈现产品性能,一边推出限时福利以刺激用户下单。

我们还可以使用下文中的"限时福利策略"和"假定成交策略"来促成用户下单。

针对用户产生顾虑的不同原因,我们需要采取不同的应对方案。在直播推销的过程中,主播往往不是采用单一的营销方式来促成交易的,所以,将多种营销策略结合起来,才能更快提高产品的转化率。

2. 打消用户顾虑的两个策略

◎策略1:限时福利

在消费心理学中,人们将因"物以稀为贵"而提升购买率的现象称为"稀缺效应",而限时福利策略就是遵循这个规律制定的。例如打出"优惠活动仅限今天""只限最后半小时"等广告,强调"限时",会让用户产生"错过这一刻再也得不到"的紧迫感。限时福利能提升优惠活动在用户心中的价值,刺激用户快速下单。

◎策略2:假定成交

假定成交是指在直播销售过程中,主播假定用户已经下单,并与用户就购买的产品进行互动。在与用户互动的过程中,主播向用户就购买的产品进行提问,让用户将自己代入假设中,一步步打消其顾虑,吸引更多用户下单。假定成交法是一种相对积极、有效的销售方法,可以节约营销时间,提升成交率。

举个例子:我的一位学员在自己的新产品上线时,推出了7天限时、限量福利,并借此成功售出所有产品。活动最后一天,主播为了刺激尚在观望的用户尽快下单,说:

"活动只剩下3个名额。最后半小时,大家抓紧在直播间下单,避免错失机会。明天开始,团队就要进行直播技能培训,还能额外获得主播一对一指导3次。下单7天内,若觉得不合适,无须理由即可退款。"

我们来分析一下她的这段话。

(1) 先采用限时福利制造紧迫感；

(2) 再采用假定成交的方式告知用户：我们下一步有培训计划。让用户有参与感及行动方向；

(3) 最后做出相应的售后承诺：即便不合适也能无理由退款，彻底打消用户顾虑。

在此要提醒大家的是，假定成交的确可以节省主播的营销时间，加速用户做出下单决策，但只能在用户有明确需求的情况下才可使用该方法。若此前主播在介绍产品时未能激发用户的购买欲望就断然采用这种方法，会使用户产生成交压力，使其放弃下单。

【本文小结】

　　现在各平台上有许多人做直播,很多人担心自己过于平庸,无法通过直播在线上突围。对于没资源、没背景的普通人来说,只要把握好构建信任、挖掘需求、打消顾虑这3个环节,并灵活运用直播营销技能,持之以恒,就能在竞争激烈的直播行业中分得一杯羹,一样可以实现低成本创业,得到新的就业机会。

　　(本文依据陈璐的直播创业经验成文。陈璐负责"我的故事"及"我的经验"中"构建信任""挖掘需求"部分的撰写。陈璐的直播课程学员钟华琴负责"打消顾虑"部分的撰写。)

1.4 布局力：朋友圈就是聚宝盆，你也可以通过发朋友圈动态提升个人价值

刘媛　袁翠华

一、我的故事

2015 年，我辞职创业，当时是线上营销的红利期，我仅靠发发朋友圈动态就达成了上千万的业绩。随着行业竞争进入白热化，在朋友圈卖货一年比一年艰难，在 3 年内，我的产品销量缩减了近 10 倍。

我正一筹莫展时，2020 年突如其来的疫情让我的事业跌入了前所未有的低谷。尽管我每天依然勤勤恳恳地发朋友圈动态，有时甚至发近 20 条，但业绩还是直线下滑，团队代理人员也不断地流失。为了寻求出路，我开始"病急乱投医"，疯

狂地报课、学习，花费了 5 位数的学费。

我试图力挽狂澜，甚至尝试用新注册的微信号加入同行团队中学习，还为此贷款好几万，但最终，我的事业还是没有任何起色。看着家里堆着一大堆卖不出去的货，我愁得每晚都睡不着觉，经常到了凌晨两三点还在发朋友圈动态，一心想着，我只要狂发朋友圈动态就能有更多机会卖出货。可尽管我每天都发三四十条，就连吃饭和上厕所都盯着手机，点赞和咨询还是寥寥无几。

正当我不知所措时，我遇到了一位老师，她很直接地告诉我，我完全不懂朋友圈运营，每天就只会发纯广告，这样的朋友圈能卖出货才怪。当时我很惊讶，因为在我的认知里，想要在朋友圈卖出货就要多发产品的信息，这样才能吸引客户下单，否则怎么可能卖出货？我从来都不知道朋友圈还需要运营。

于是，我报了这位老师的课程并按照她教的方法运营朋友圈。一个月后，我的业绩有所提升，但仍不明显。为进一步印证这个方法，我找到商业 IP 导师水青衣，她建议我不要放弃，要珍惜自己的原始积累，持续聚焦朋友圈运营。在老师专业的指导下，我信心倍增。仅一年不到，我不但带团队起死回生，还打磨出了一套朋友圈运营系统课程。我有了自己的学员，帮助了很多人通过朋友圈创收。

我开始坚信，只要用对方法，线上轻创业仍然大有可为，而且通过朋友圈做营销特别适合零销售经验的普通人。现在，我结合自己的实战经验与你分享 3 个核心方法。

二、我的经验

（一）标签管理

你的微信通讯录里一共有多少人？你是否对他们进行了标签管理？

标签管理是指给微信用户做标识，相当于给每一位好友都设置一张"身份证"，备注好对方的详细信息。然后，对他们进行"分组"，以此来界定哪些好友适合被添加到同一个属性的圈子里。

1. 抓住核心客户，做针对性维护

"二八法则"告诉我们，80%的利润来自20%的客户。只有将精力和预算花在这20%的客户身上，我们才能获得更高的收益。客户千人千面，每个客户的特征、需求和消费能力都不同。一条朋友圈动态是很难打动所有人的。为了能够"投其所好"，我们要有针对性地触达客户，从而维护稳定的客户关系。如果我们发布的都是无差别的推送信息，往往会导致自己白白耗费了时间和精力，成本和收益不对等。

具体应如何分类呢？

2. 根据价值贡献对客户进行分类

同一架飞机会有头等舱、商务舱和经济舱之分。头等舱的机票是最贵的，旅客购买了最贵的机票，自然享受最优等的服务。由此可见，不同客户带来的价值不同。通常商家会给带来高利润的客户"特殊关照"。但是，航空公司不会因为有了头等舱的客户，就舍弃商务舱和经济舱的客户。美国《连线》杂志前任主编克里斯·安德森提出"长尾理论"：核心客户固然重要，但"长尾客户"也不能丢；中小客户积少成多，也能够带来一定的收益。

由此，我们不难发现，"二八法则"关注能带来高利润的核心客户，"长尾理论"关注中小客户。我常常会根据"二八法则"和"长尾理论"来对客户进行分类：

(1) 忠实客户：多次购买产品、长期关注品牌的客户。购买力强，购买频率与忠诚度高，最有可能为你带来宣传价值，属于核心客户。

(2) 复购客户：有两次或两次以上购买行为的客户。

(3) 初次购买的客户：第一次尝试购买产品的客户。尽管目前只是小客户，但很有可能会升级为复购客户。

(4) 准客户：已咨询过产品信息且具备相应购买力，但暂时未购买产品的客户。未来很可能成为初次购买客户。

（5）潜在客户：具备相应购买力，与目前售卖的产品或服务相匹配，但未表现出购买意愿的客户。未来有可能成为初次购买客户。

（6）非客户：没有相应购买力、购买意愿低、无购买意愿或抗拒购买的客户。不建议耗费时间、精力、资源在此类客户身上。

这种分类方法能帮我们合理分配有限的人力和财力，并能够有针对性地向客户推送内容和提供服务。**建议重点维护忠实客户、复购客户、初次购买客户，而对准客户和潜在客户，则可根据自身时间和精力适当进行维护。**

英国学者罗杰·卡特怀特说："如果你不去照顾你的顾客，那么别人就会去照顾他们。"所以，我们可以定期针对价值贡献较大的客户举办一些专属回馈活动。例如，给予专属的优惠力度、附送定制精美礼品等，以此来锁定客户的持续消费。除此之外，我们还可以在合适的时机针对"准客户"的需求在朋友圈推送营销内容，以此来刺激对方下单，缩短购买决策时间。

（二）时段规划

很多人依然在用几年前的方式发朋友圈动态，喜欢集中在一个时间段连续发十几条朋友圈动态，或者不分时间点、随性地发朋友圈动态，这两种做法没有时段规划的概念，点赞寥寥无几也不足为奇。在朋友圈布局中，选择在什么样的时间段发布一条内容，是需要我们提前规划的。

1. 提升曝光率，加深客户印象

"曝光效应"告诉我们，当你在目标客户面前不断"刷脸"，加深其对你的印象后，双方的熟悉度就会提升。通常来说，人们对更加熟悉的人或事的好感度会更高。美国最大的网络电子商务平台——亚马逊——就是采用分时段的方式进行广

告投放的，他们根据不同消费者在不同时间段的活跃程度来分配广告支出。由于在一天的 24 小时内流量不平均，一定会有某几个时间段流量较低，如果不分时段投放广告，会导致不必要的广告支出。亚马逊根据广告的点击数据来判断流量情况，点击数据越高说明曝光率越高。所以，亚马逊通常会选择在出单的高峰时间段进行广告投放，以此来提高产品的曝光率。

想要提升朋友圈动态的曝光率，就要尽量选择在用户活跃度相对较高的时间段进行推送。很多时候，朋友圈动态点赞量、评论量少，往往不是因为你发布的内容不够好，很有可能是因为你发布的时间段处于用户活跃度较低的时候，因此被看见的概率相对较低。

2. 根据用户活跃时段进行规划

随着现代生活节奏的加快，人们利用"碎片时间"刷朋友圈已成为普遍现象，如在上下班等车时、饭前及饭后、睡觉前等时间段。下图是微信官方公众号"微信派"在《重磅|微信发布 2015 微信生活白皮书》公众号文章中公布的"典型用户的一天"（见图 1-3）用户活跃度数据统计报告：

微信·一天

典型用户的一天

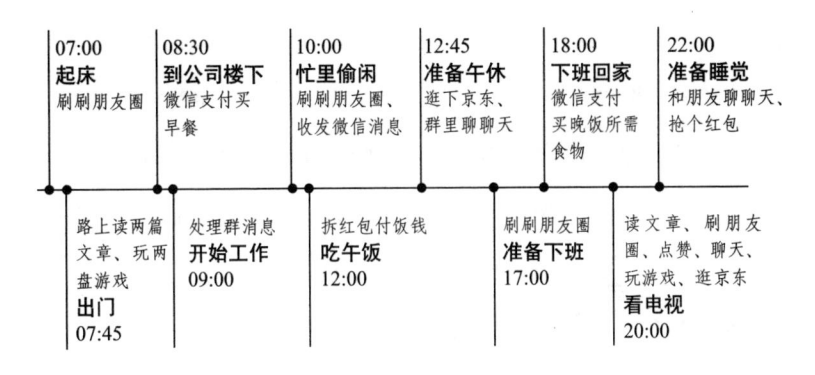

07:00	08:30	10:00	12:45	18:00	22:00
起床	到公司楼下	忙里偷闲	准备午休	下班回家	准备睡觉
刷刷朋友圈	微信支付买早餐	刷刷朋友圈、收发微信消息	逛下京东、群里聊聊天	微信支付买晚饭所需食物	和朋友聊聊天、抢个红包

路上读两篇文章、玩两盘游戏	处理群消息	拆红包付饭钱		刷刷朋友圈	读文章、刷朋友圈、点赞、聊天、玩游戏、逛京东
出门	开始工作	吃午饭		准备下班	看电视
07:45	09:00	12:00		17:00	20:00

活跃高峰

22:30
去年

22:00
今年

2015年微信用户每天的通话量

280,000,000 分钟

540 年

图1-3 "微信派"发布的用户活跃度数据统计报告

我在看到这张数据图上显示的用户刷朋友圈的几个活跃时段后,就从上百名学员中调取了42位学员在2022年9月22日(见表1-4和图1-4)、2022年12月10日(见表1-5和图1-5)这两天发朋友圈动态的数据进行对比,并参考"微信派"发布的数据,将大家在一天中发朋友圈动态的时间划分成8个时段。

42位学员的数据显示,一天中有4个时段的点赞数明显高于其他4个时段,分别是7点至9点、10点至13点、17点至19点、20点至22点30分,这和"微信派"发布的"典型用户的一天"中的数据基本吻合。

表1-4 2022年9月22日学员朋友圈点赞数据明细表

序号	姓名	6:00-7:00	7:00-9:00	9:00-10:00	10:00-13:00	15:00-17:00	17:00-19:00	20:00-22:30	23:00-24:00
\multicolumn{10}{	c	}{9月22日朋友圈"点赞数"统计}
1	冰冰	0	3	0	0	0	0	1	3
2	曹淑云	0	0	0	0	0	0	0	0
3	辰姐姐	0	0	0	0	0	0	0	0
4	陈璐	4	8	0	11	0	2	3	0
5	冬琴	1	0	0	7	0	0	0	0
6	顾洁	0	3	0	0	0	0	3	0
7	国莉	0	0	0	0	0	0	0	0
8	韩梅梅	0	1	0	0	0	0	0	0
9	黄胖紫	0	0	0	0	0	0	0	0
10	惠芳	0	0	0	0	0	1	0	1
11	几	0	3	0	0	5	0	0	6

(续表)

9月22日朋友圈"点赞数"统计

序号	姓名	6:00-7:00	7:00-9:00	9:00-10:00	10:00-13:00	15:00-17:00	17:00-19:00	20:00-22:30	23:00-24:00
12	景红	0	5	4	3	0	1	1	2
13	瀚哥	0	5	0	1	0	1	0	0
14	橘子哥哥	0	0	0	4	0	0	4	0
15	娟娟	0	0	0	0	0	0	1	0
16	考拉	0	0	2	8	0	0	0	0
17	林丽萍	0	0	0	1	6	0	3	0
18	刘琦霏	0	1	0	7	0	0	0	0
19	美亚	0	2	1	2	0	0	8	0
20	喵呜喵呜（路路）	0	0	0	0	0	0	0	0
21	盛大夫	0	0	0	0	0	0	0	0
22	叔应	0	12	0	0	0	2	1	0
23	水贞	0	0	0	0	0	0	0	0
24	王芳	0	0	0	0	0	13	11	6
25	王虹之	0	0	1	0	9	2	0	0
26	王静	0	0	0	0	1	11	4	0
27	王艳玲	0	0	0	3	1	3	4	0
28	吴靖	0	0	0	5	0	1	8	0
29	西西	0	0	0	0	0	0	1	0
30	夏花	0	0	0	6	0	3	4	0
31	香蕉	0	0	1	2	0	1	2	1
32	小露	0	0	0	0	0	0	0	0
33	秀平	0	0	2	1	0	0	1	0
34	雪儿	0	0	0	0	0	0	0	0
35	燕子	0	0	0	0	0	0	1	0
36	阳春	0	1	0	1	1	0	0	0

(续表)

序号	姓名	6:00-7:00	7:00-9:00	9:00-10:00	10:00-13:00	15:00-17:00	17:00-19:00	20:00-22:30	23:00-24:00
37	杨杰	0	3	0	0	0	0	11	0
38	玉壶茶舍	0	0	0	0	0	1	0	0
39	袁翠华	0	0	2	0	0	0	0	0
40	珍珍	0	3	0	4	0	5	0	0
41	钟华琴	0	9	0	0	2	6	1	0
42	子传	0	0	0	0	0	1	0	2
合计		5	59	13	66	25	54	73	21

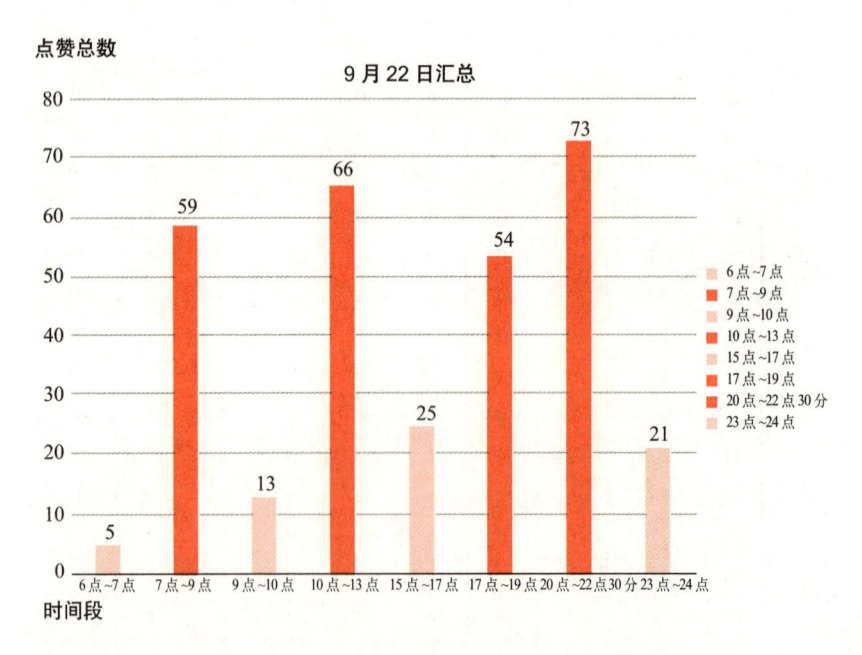

图1-4　2022年9月22日学员朋友圈8个时段点赞数据对比图

表1–5 2022年12月10日学员朋友圈点赞数据明细表

\multicolumn{10}{c}{12月10日朋友圈"点赞数"统计}

序号	姓名	6:00-7:00	7:00-9:00	9:00-10:00	10:00-13:00	15:00-17:00	17:00-19:00	20:00-22:30	23:00-24:00
1	冰冰	0	0	0	1	1	0	0	0
2	曹淑云	0	0	0	0	0	0	0	0
3	辰姐姐	0	0	0	3	0	0	14	0
4	陈璐	0	0	0	0	2	3	3	1
5	冬琴	0	0	0	4	0	1	1	1
6	顾洁	0	0	0	0	0	0	0	2
7	国莉	0	0	0	4	3	3	3	0
8	韩梅梅	0	0	0	4	0	1	0	0
9	黄胖紫	0	0	0	0	0	2	0	0
10	惠芳	0	0	1	0	0	0	0	1
11	几	1	1	0	0	0	0	0	2
12	景红	0	0	0	2	2	0	1	0
13	瀞哥	0	4	0	6	0	0	0	0
14	橘子哥哥	0	2	0	3	0	0	0	0
15	娟娟	0	0	0	0	0	0	0	0
16	考拉	0	2	0	0	0	0	0	0
17	林丽萍	3	4	0	0	1	0	4	0
18	刘琦霏	0	0	0	5	2	0	10	0
19	美亚	0	3	0	0	0	2	2	0
20	喵呜喵呜（路路）	0	0	0	1	0	1	4	0
21	盛大夫	0	0	0	0	0	0	0	0
22	叔应	2	0	0	0	0	0	0	0

(续表)

12月10日朋友圈"点赞数"统计

序号	姓名	6:00-7:00	7:00-9:00	9:00-10:00	10:00-13:00	15:00-17:00	17:00-19:00	20:00-22:30	23:00-24:00
23	水贞	0	0	0	0	0	0	0	0
24	王芳	0	0	0	0	0	1	2	3
25	王虹之	0	0	0	0	0	0	4	0
26	王静	0	0	0	0	0	0	0	0
27	王艳玲	0	0	0	6	0	1	0	0
28	吴靖	0	0	1	0	0	0	4	0
29	西西	0	0	0	0	0	0	0	0
30	夏花	0	6	0	0	0	2	0	0
31	香蕉	0	1	0	0	0	0	0	0
32	小露	0	7	0	10	3	0	4	0
33	秀平	0	1	2	0	0	0	1	1
34	雪儿	0	0	0	0	0	0	0	0
35	燕子	0	1	0	0	0	0	2	0
36	阳春	0	1	0	0	3	0	2	0
37	杨杰	0	0	0	0	0	0	0	0
38	玉壶茶舍	0	27						
39	袁翠华	0	0	0	1	0	0	0	0
40	珍珍	1	0	0	1	1	3	0	1
41	钟华琴	0	5	0	0	0	0	1	0
42	子传	0	9	0	6	0	10	3	3
	合计	7	74	4	57	18	31	65	15

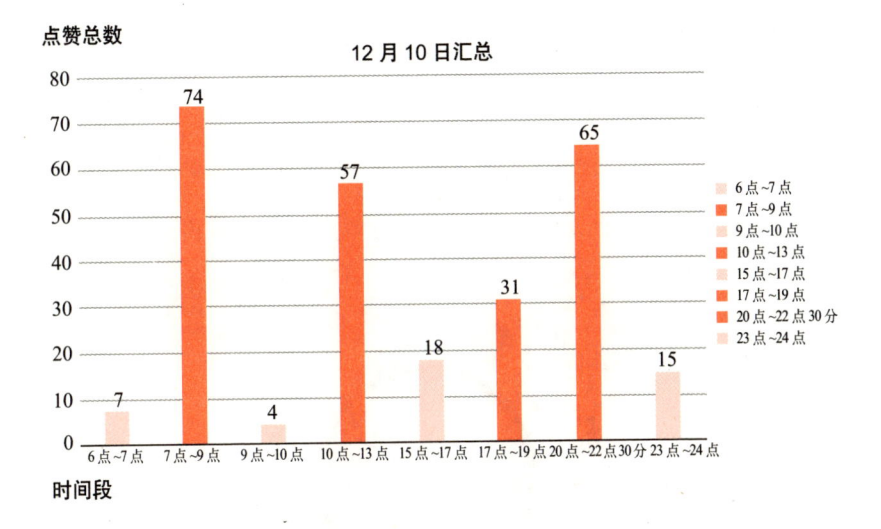

图 1-5　2022 年 12 月 10 日学员朋友圈 8 个时段点赞数据对比图

所以，我会在课程中建议我的学员们选择点赞数相对较高的 4 个时间段（图 1-5 的深色柱）发朋友圈，尤其是 7 点至 9 点和 20 点至 22 点 30 分这两个时段，这是一天中用户刷朋友圈最活跃的时候。

无论选择哪个时间段，每天发朋友圈动态的数量都最好能达到 10 条左右。发得太少，信息无法曝光；发得太多，用户会厌烦。

当然，以上结论也并不是绝对的，这一现象因人而异，我们需要具体观察和分析朋友圈中大部分好友的活动规律。例如，你朋友圈中的好友大多数都是"熬夜党"，那么早上发布的内容被刷到的概率就相对较低，在 22 点至 0 点发布会更加合适一些。如果你的朋友圈好友中老年用户居多，就应该尽量在早上发朋友圈动态，它被刷到的概率相对来说会更高。

（三）内容规划

1. 为什么要做内容规划

现在市场上的产品同质化严重，商家亟需回答一个问题：客户凭什么在你这里购买？如果每天仅发布经复制、粘贴的，千篇一律的产品广告，消费者大概率会直接划走它。著名信息传播学者威尔伯·施拉姆提出：一条信息内容被关注和选择的可能性和其所带来的价值成正比。全网粉丝过亿、带货日订单量高达 15 万的短视频博主李子柒为拍摄一条视频可以爬五六个小时的山路，为一条16分钟的蜡染视频准备将近一年的时间。可见，提前做好内容规划、确保内容呈现出价值是极其重要的。我们只有规划好有价值的内容，精心做好统筹安排，才能够吸引消费者。

2．从4个方面规划内容

客户做出购买决策，是因为其能感知到你售卖的产品、服务的价值。那么，呈现什么样的朋友圈动态内容才能够让客户感知到价值呢？我总结了以下4点供读者参考：

（1）晒客户证言

美国广告泰斗詹姆斯·韦伯·扬说："所有的广告主都面临着一个问题——如何赢得消费者的信任？"什么都不如消费者的证言有效，因为客户夸你一句比你自卖自夸100句更具有说服力。所以，在朋友圈布局中，要多发布客户反馈的内容，第三方证言能够成为你强有力的背书。

有一个简单的晒客户反馈的做法，即把客户夸赞你或你的产品的聊天截图发布到朋友圈，附上客户使用产品的前后对比图。在使用这个方法前，一定要提前获得客户授权，注意保护客户的隐私和信息。

(2) 写生活日常

发布生活内容看似和售卖产品无关,但真实、丰富多彩的生活内容能增强你和客户之间的黏性。试问,一个活生生的、有趣的卖家和一个像机器人一样的客服,客户会更愿意选择谁?

日本的茑屋书店就是通过贩卖生活方式的全新理念打破了传统书店的销售瓶颈。书店里设有生活化场景的餐厅、咖啡厅,还摆放了 DVD 等产品,让客户走进书店就能获得在家中一般的舒适感,该书店凭借这一点深受广大消费者的喜爱。

在《可复制的私域流量》一书中,作者尹基跃对上百个出单率高的朋友圈动态内容进行了统计,发现它们都包含了生活内容。由此可见,生活内容在朋友圈布局中具有不可或缺的价值。

如何在朋友圈轻松发布生活内容?我们可以以日常中的某件小事或细节为素材,如和闺密喝下午茶、周末给家人做了顿饭、傍晚去遛狗等。拍下照片,写下感悟,时时留心,随手记录。

只要用心观察,生活中任何一件普通的小事都可以以写日记的方式呈现在朋友圈中。

(3) 写专业干货

主持人白岩松说："让专业的人去做专业的事情，这是最有价值的。"客户更加认同专家型的卖家，例如你卖减肥产品，就不要过多宣传产品本身，不妨以一个专业人士的角度帮客户分析导致肥胖的因素有哪些、怎样合理饮食可以使人不用挨饿就能健康瘦身、在减肥的路上容易踩哪些坑等。久而久之，你会让自己在客户心里留下一个"减肥领域专业人士"的印象。当你的朋友圈中有足够多的专业性干货，你自然能更加容易地让客户感知到你和你的产品的价值。

(4) 写价值观

"能量吸引定律"已被证实。人的正面思想会吸引周围一切美好的人和事，这就是我们通常说的"正能量"。在朋友圈发布表达正确价值观的内容是传播正能量的一个非常直观的方式。一个充满正能量的人会更容易获得大家喜爱和认可。我们可以从每天的新闻、时事热点、热播剧、公众号文章等渠道中寻找素材，提炼出自己独有的观点来写朋友圈动态。

例如，草根出身的董宇辉在直播带货时，凭借着他强大的共情力和满满的正能量而深受中国网民的喜爱，无数网民从他身上看到了一个普通人凭借自己的努力和勤奋也能够实现梦想的希望；励志企业家罗永浩负债6个亿也没有倒下，而是通过直播带货努力还债，并获得了许多网友的支持。这些都是很好的引导价值观的素材。

我们的一位代理商之前只会发布产品广告，业绩一直无法突破。在学习了内容规划后，她对自己的朋友圈做了以下调整：

（1）每天发1~2条客户反馈，自己的客户案例不够就借用团队小伙伴的客户案例。

（2）每天发1~2条生活内容，如当天给孩子做了什么营养早餐、假期和家人去了哪里旅游等，并时不时通过生活场景软性植入产品广告。

（3）每天从时事热点、热播剧、公众号文章、真实事件中寻找素材，分享 1 条从女性成长角度引导价值观的内容。

（4）每天发 2~3 条工作内容，例如一对一指导团队成员、帮助成员解决问题、热情做好售后服务等工作日常和细节。

调整后一个月，她的业绩从 26337 元增长到 62063.58 元，订单数量从 40 单增加到 80 单。

【本文小结】

运营朋友圈的关键因素在于维护好你跟用户之间的关系。朋友圈对于线上卖家来说是重要的社交场,"粗暴刷屏"只会令用户反感。而掌握好以上几个核心要素,即便是零基础的普通人,也能够通过朋友圈放大口碑,体现个人价值,让用户记住你、信任你,成为你的"铁杆粉丝"。

(本文依据刘媛的朋友圈布局与运营经验成文。刘媛负责"我的故事"及"我的经验"中"标签管理""时段规划"部分的撰写。刘媛的朋友圈课程学员袁翠华负责"内容规划"部分的撰写。)

[第二章]

平台破局

2.1
写作力：零基础小白如何习得新媒体写作技能，写出爆款文章

范远舟

一、我的故事

2019年，我在济南从事编辑的工作。我的主业稳定，空闲时间多，想学一项新技能。当时，各大自媒体平台兴起，身边很多小伙伴都转战在线上写文章、做自媒体，我便也想跟风。我心想，写文章这点小事肯定难不倒我，毕竟高中选的是文科，写出来的作文常常接近满分，大学又学的是汉语言文学专业。然而，我很快就被现实"打脸"了，断断续续在线上写了好几个月的文章，小说、散文、随笔等都尝试了个遍，但阅读量却只有个位数。

一天，我在翻朋友圈时，发现曾经一起写文章的好友晒出了自己在自媒体平台上发布的多篇爆款文章的成绩，我请教她是如何做到的。她说："新媒体写作一点也不难，就算你是零基础，也能写出爆款文章。"虽然她说得很笃定，但由于我有过失败的经历，我对自己能写出爆款文章持怀疑态度。我之前只写散文和小说，现在要改为写观点文，以我的能力可以达成目标吗？零基础的小白真的能写出爆款文章吗？

在她一再地鼓励下，我报了水青衣老师的写作课，注册了头条号，准备跟着专业的老师学习新媒体写作。

万事开头难。第一篇文章只有2000字，我却写了5个小时，凌晨1点都还在打磨稿子。连续更新了一周，同批小伙伴都通过了，唯独剩下我还在原地踏步。我强按住自己焦急的心，继续坚持每日都更新一篇文章，同时积极向老师和同学请教，终于在入学的第20天艰难通过。

当时，离课程结束还有 10 天，我必须得赶上大家的进度。于是，我一边看大量的书，记录下有用的知识和句子；一边拆解优秀文章，并做好总结、复盘。终于，在老师的认真点评与我加倍努力的修改下，我收获了第一篇阅读量达 5 位数的爆款文章。

有了前期的经验，接下来写文章的过程就更顺利了，我不仅连续写出多篇爆款文章，还因为做事认真得到了水青衣老师的信任，受聘担任写作训练营的助教，成功地掌握了新媒体写作这项新技能。

那么，新手如何才能写出爆款文章呢？我将从以下 3 个方面和大家分享。

二、我的经验

（一）策划好选题，是写出爆款文章的基础

对于作者来说，策划一个好的选题，是写出爆款文章的前提。如果你经常浏览新媒体文章，就会发现，有的文章数据平平，而有的文章数据高达千万，二者的区别在于选题的质量。

1. 策划好选题应遵循 3 个原则

要想策划出好的选题，你需要遵循以下 3 个原则：

（1）受众广泛

一般来说，选题的受众群体越广泛，即对该选题感兴趣的人越多，你根据该选题写出来的文章的阅读量就越高。

我曾经在小红书上发布过一篇名为《我终于知道甄嬛为啥么会说话了》的笔记，收获了 76 万阅读量。这篇笔记能成为爆款的原因是"说话技巧"这个选题的受众群体大，是读者所关心的话题。读者无论男女老少，无论身处学校、家庭还是职场，都需要具备一定的沟通能力。

(2) 要反常规

反常规指和自然、正常的现象相悖。那么，当你打算讨论某个话题时，就不要中规中矩、人云亦云，而是要从另一个与大众不同的甚至与传统观点完全相反的角度来写，给予读者耳目一新的感受。

我在小红书上发布过关于"拒绝"这一话题的笔记，我一反常规，并没有告诉读者"拒绝的方式"或"一定要敢于拒绝"等，我写的是"怎么拒绝既不会得罪人，还让对方感激自己"。这篇笔记的阅读量在短短 24 小时内就达到了 10 万以上。

(3) 借势赋能

如果想追求高流量，那么就要学会借势。其中，借用热点是很好用的一招，也就是把当下发生的热点事件与你独特、有深度的思考结合起来，梳理成文章。

在使用这一方法时要注意两点：第一，不要为了追热点而追热点。因为这样做不仅没什么意义，还浪费读者的时间。第二，追热点要及时。别等某一热点事件已经过去了一段时间，才想起来要追。它在读者心中早已没了新鲜感，除非你能就这一热点写出与他人完全不同的新颖观点。

我是怎么巧妙地追热点，并因此在短时间内写出大量爆款文章的？2022年是电视剧《甄嬛传》开播10周年。这条话题的热度一直不减，众多网友表示会"二刷""三刷"，甚至"四刷"。我当时就紧紧抓住了这一热点，从这部"宫斗剧的天花板"中得到灵感，结合剧情写出了多篇关于为人处世、人际交往、说话技巧等方面的爆款文章，让我的小红书粉丝量在4个月内就取得了过万的好成绩。

2. 挖掘好选题的3个方法

清楚了策划出好选题应遵循的3个原则后，我们该去哪里找到这样的选题呢？分享给大家3个方法：

（1）去各大网络平台搜集

我们的自身经历毕竟有限，所以可通过外部渠道去搜集好选题。知乎、微博、头条、视频号、抖音号、小红书等各大平台都是热门话题的聚集地。进入这些平台，找到热榜，然后挑出热点话题，并将其与自己文中的论点结合起来，就能写出吸引读者的内容。

我之前在浏览知乎热榜时，就看到这样一个选题：我为什么总是处理不好人际关系？我立刻据此写了一篇笔记《为什么很多人会把人际关系处烂？》。这篇笔记也获得了10万以上的阅读量。

（2）参考其他爆款文章

找到对标账号，翻看该账号都发布了哪些爆款内容。你可以把这些选题一一记录下来，然后为己所用，结合经验写出好文章。经过其他人验证的爆款选题数据一定不会太差。有时候，也可以再次使用自己曾经发布过的爆款文章的选题，数据也会很不错。

在我那篇关于甄嬛的说话技巧的笔记爆了以后，我又发布了两篇相同选题的笔记，点赞数、收藏数、评论量均超过了 5000。之后我在刷小红书时，发现很多作者在参考了我这个选题后也发布了相关笔记，同样获得了 10 万以上的阅读量。

(3) 去书籍或影视剧中寻找

当我们在书籍或影视剧中看到使自己特别有感触的片段时，可以马上将其记录下来，这很有可能就会成为一个非常不错的选题。我前段时间在阅读《资治通鉴》时，对里面提到的识人观点特别有想法，就把这一观点与《甄嬛传》的剧情结合起来，写出了一篇关于"如何识人"的爆款文章。

（二）掌握好结构，才能写出逻辑清晰的爆款文章

从上小学开始，老师就告诉我们，作文要有结构。其实，新媒体写作亦是如此，同样需要遵循一定的结构逻辑。我在写新媒体文章时，不论内容涉及哪个领域，大都采用以下两种写作结构——并列式、递进式。

1. 并列式结构

并列式结构是一种围绕着主题从几个并列的角度进行分析、阐述，并充分证明论点（主题）的结构形式。不论是写影评、观点文，还是讲故事，都可运用并列式结构写作。

我在小红书上发布的多篇浏览量在 10 万以上的笔记，全都是按照并列式结构写出来的。下面我就以其中一篇名为《小心！领导面前千万别犯这 3 个错误》的笔记为例进行拆解。

沈眉庄即便没有被华妃和曹琴默等人陷害，也早晚会因为这3个错误栽一个大跟头。

在文章开头我就做了简单的概括，然后马上引出主题：

在领导面前，这3个错误千万不能犯。

中间部分，我并列阐述了沈眉庄在领导面前犯的3个错误：

(1) 说话毫不避讳；
(2) 太喜欢出风头；
(3) 不过脑子地奉承。

在每一个论点处，我都详细举例论证，让读者清晰、直观地感受到在领导面前犯这3个错误的严重性。

结尾，我写了一个金句：

无论是在职场中还是在生活中，犯错误都不能使人成长，真正能使人成长的，是对错误的反思和总结。

我在整篇笔记中运用了并列式结构，所以从开头到结尾，这篇文章都条理清晰、逻辑分明。构思并列式结构文章的过程比较简单，你只需要在确定了文章要探讨的问题之后，着重说导致该问题的原因、探讨的意义、如不解决可能带来的危害等，然后在结尾写上一个金句即可。

2. 递进式结构

递进式结构是一种围绕中心论点进行分析与阐述，在解决问题时，层层深入、步步推进的结构。递进式结构比并列式结构要复杂一些，各分论点在内容上有主次、先后之分，并且一层比一层有深度。同时，方法论还要切实可行，这就要求作者在下笔时，思考要有深度，分析要让人信服。

最容易掌握的递进式结构可以归纳为：

是什么？（提出中心论点。）
为什么？（证明中心论点：列举事例，分析道理。）
怎样做？（解决问题的方法。）

举个例子，我曾运用递进式结构写过一篇关于"在职场中要懂得适度赞美，否则会适得其反"的文章。

在文章开头,我举了一个职场人由于过度赞美领导,反被领导训斥的例子,来表明文章的中心论点:

在职场中要懂得适度赞美,否则会适得其反。("是什么?")

在文章中间,我从3个方面分析在职场中要懂得赞美的重要性:

使沟通更顺畅,做起事情来事半功倍;有助于调解纠纷,化干戈为玉帛;能够激发同事的信心和勇气。("为什么?")

接下来，提供 3 个赞美的方法：

(1) 要有理有据；

(2) 要把握好时机和尺度；

(3) 要有新意，切忌"老调重弹"。（"怎样做？"）

在文章的结尾升华、点题：

赞美别人的实质是对别人的尊重和评价，也是送给别人的最好的礼物，是一笔关于人际关系的、暂时看不到利润的投资。如果运用得当，生活和工作中的许多难题都将在赞美声中迎刃而解。

（三）修改文章 3 步法，打磨出爆款文章

古往今来，好文章大多数都不是一遍写成的，而是经过千锤百炼修改出来的。相传，曹雪芹写《红楼梦》时，批阅十载，增删五次，如他自己所言："字字看来皆是血，十年辛苦不寻常。"福楼拜写《包法利夫人》花费了 4 年多的时间，正反两面的草稿纸用了 1800 多页，最后定稿却不到 500 页。

我们写新媒体文章亦是如此。写完初稿后，一定要沉下

心来认真打磨，反复修改。既要像编辑一样对自己的文章进行专业审核，又要站在读者的立场去感受文章的优与劣。就像鲁迅先生所说："写完后至少看两遍，竭力将可有可无的字、句、段删去，毫不可惜。"

我们具体该如何修改文章呢？在这里给大家分享"修改文章3步法"。

1. 改文章框架

文章的框架，即文章的整体结构。写初稿时，我们往往会想到什么就写什么，内容并未经过仔细推敲。因此初稿会存在逻辑不清、详略不分、结构分散等问题。在修改时，可以从以下几个角度来思考文章是否存在问题：

内容是否只突出一个主题？

结构是否存在逻辑混乱或缺失的情况？

分论点是否存在交叉或重复的现象？

对原因、危害、意义的分析是否有深度？

方法论的实操性是否足够强？

举个例子，我之前运用并列式结构写了一篇主题为"和同事沟通困难"的文章。初稿结构为：

（是什么？）和同事沟通困难；

（为什么？）和同事沟通困难的原因；

（怎么办？）如何处理好和同事的关系。

写完后回顾文章，发现"怎么办"这一部分是偏离主题的，正确的应该是"如何解决和同事沟通困难的问题"，并写出相应策略。意识到错误后，我立刻着手进行修改。

所以，在改文章时，不仅要看所写的观点是否围绕文章主题，更要关注文章的结构是否清晰明了。

2. 改文章素材

在调整完文章的整体结构后，就要对文章的素材进行优化。修改时要注意以下几点：

第一，素材新鲜度。此处的新鲜度是指这个素材是不是经常出现在各类文章中。对于新媒体写作来说，即使是结合热点新闻或事件的文章，也难免会包含旧素材。

在检查文章时，既要保证文章开头的热点是最新的，也要尽可能保证后面正文部分所选用的素材是较新的。如果读者常常能在你的文章中看到同一个案例，就会让他们感觉你在"炒冷饭"，那么将这类素材呈现出来就没有什么意义，读者不会对这篇文章感兴趣。

第二，素材是否紧扣主题。很多时候，我们选择的素材只是看起来和主题有关，将其放到文章中后会发现，其实它与主题的关联性并不大。所以在修改文章时，要重点关注素材与主题的关联度，如果可以，多请身边的朋友帮自己看看。如果关联度不高，则说服力不强，读者会对文章迷惑不解。对与主题不相关的素材，要舍得删除，并花时间重新搜集。

第三，素材是否丰富。一篇文章中所包含的素材类型不能过于单一，要尽可能使其丰富起来。除了自己的亲身经历，身边的人的故事、名人事件、新闻或书中的素材等都可以为你所用，并且最好将其交叉呈现出来。

我之前写过一篇主题为"远离舒适区，才能拥有真正的舒适"的文章，鉴于"舒适区"这个选题比较常规，我就在素材呈现方面做了很大努力。这篇文章中既有当下热点，又有身边的朋友和书中的故事，还包含古代名人的案例。读者纷纷反馈这篇文章信息量大，自己看得很过瘾。素材丰富了，文章就更有可读性、更出彩了。

此外，在检查文章素材时还要注意一点，即是否做好了几个素材间的衔接。如果素材之间没有恰当的论述作为过渡，那么写文章就会变成堆砌素材；段落之间如果没有承上启下的过渡句，就容易给人"东一榔头，西一棒子"的感觉，读者会认为作者想到什么就写什么，毫无逻辑可言。

3. 改文章细节

首先，要看文章的段落安排是否合理。新媒体时代，人们基本上都是在手机上阅读文章，所以段落不应过长。如果一篇文章只有三四段，每段五六百字，滑了几屏手机都没有看完一段，就会让读者的阅读体验非常糟糕。所以我们在修改文章的时候，可以将过长的段落分为几个小段落，并且将每一句话都尽量控制在 50 字以内。

其次，要检查文章的语言。在写完文章以后，一定要再仔细地多读几遍，你会发现文章中可能存在病句、多字、漏字以及错字的现象。

我之前当写作助教时，主要负责给学员修改文章。很多新人写完文章后没有回顾的习惯，所以我在检查学员的文章时，总是能发现文章中存在句子不通顺、有错别字等常见问题。虽说新媒体写作的要求不像传统文学写作那样严格，但若总是出现一些低级错误，会让读者对作者的水平持怀疑态度。

【本文小结】

　　新媒体写作并不需要我们天赋异禀，新人想写出爆款文章并没有想象中那么难。但如果你真的决定走上这条路，那就需要找准定位、找对方法，在策划好选题以后，遵循一定的结构逻辑来行文，并在写出文章后认真、细心地进行检查和修改。

　　坚持以上步骤，时间一定会给你想要的答案。

2.2
文案力：让每一篇文案都成为你的免费"销售员"

叶小新

一、我的故事

2018年，我因家人生病开销增加，为了渡过这个难关，我投资了5位数的金额，利用业余时间在微信上卖货。然而，仅3个熟人下单，在这之后的3个月内，我的业绩持续为零。

那段时间，我过得很迷茫。一方面，我渴望用文案吸引顾客，却只得到微信好友的无视和陌生人的拒绝；另一方面，我每天花很多时间用手机修图、写文案，然而收入和付出不成正比，家人很反对我整天捧着手机，我的内心很自责。

想到自己摸索这么久却依然没结果，我决定付费学习。

在老师的指导下,我从读三年级语文课本开始,学习用简单的大白话写文案,同时学习营销、心理学等知识。半个月后,我陆续收到陌生人的咨询信息,并在一个月内吸引了两个陌生网友找我下单。之后,我继续努力,又用了两个月的时间把手里的货全部卖了出去,不仅收回了本金,还赚了近1万元。

这一刻,我深刻理解到,想要用文字把东西卖出去,需要

具备文案力。文案力是向外界、他人表达时，组织思维和语言的能力，它能促进他人接受和认可我们的观点、产品、服务。下面，我想和你分享3个容易上手、行之有效的方法。

二、我的经验

（一）换角色，有效锁定目标顾客

很多人写文案时往往从卖家的立场出发，只会展示自己的产品、服务有多好。他们的文字很用心、介绍很全面、促销很划算，但就是吸引不了顾客。

这是因为顾客感受不到这篇文案提及的产品或服务跟自己有什么关系。顾客在购买时更看重产品或服务能否解决自己的问题，而非产品或服务本身有多厉害。

我从写"自嗨式"文案而被用户无视、拉黑，到用文案吸引陌生顾客主动咨询、下单，其中的关键就是我从"卖家角色"转为"买家角色"，围绕顾客的真正需求和兴趣来组织文案内容。

如何有效转变角色？在写文案前，要有意识地主动收集、分析以下两类信息：

第一类信息：分析产品以及文案的目标顾客是谁，描绘目标顾客的画像，包括年龄、家庭角色、社会身份、收入水平等，还有生活习惯、喜好、消费习惯、消费偏好、决策影响因素等。

第二类信息：分析产品或服务能为顾客解决的具体问题，一般可以用这个公式来描述，即哪一类顾客群体，在哪个生活场景中，如何使用产品或接受服务，解决了哪个问题。

在动笔写文案之前，我会根据以上两类信息确定这篇文案所指向的目标顾客及需求，之后再组织文案的开头、语言、素材、主题等。

下文我将详细拆解如何利用这两类信息写出能有效锁定目标顾客的文案。

1. 识别目标顾客身份，从文案开头就抓住用户注意力

约瑟夫·休格曼在《文案训练手册》中提到："你要使读者阅读文案最重要的第一句话，第一句话要使读者继续阅读第二句话，第二句话要使读者阅读完整篇文案。"这揭示了写文案要开好头的重要性。

从文案开头就锁定目标顾客，抓住其注意力，顾客才有可能继续读下去，购买率才会提高。反之，这条文案就是失败的。好的文案能让顾客从开头就判断出这篇文案中的信息是否和自己相关，决定是否继续读下去。那么，如何写好文案开头，识别并锁定目标顾客的身份？

（1）运用身份标签

在文案开头使用目标顾客的身份标签，如"80后""35岁""月薪勉强过万""有房贷车贷""一儿一女""单位中层""村里第一批大学生""短发女生"等具有普适性的身份标签，直接吸引与之相对应的群体，让读者产生"被点名""对号入座"的感觉。

例如，日本新推出专门针对戴眼镜女生的睫毛膏，在文案开头，写"这款睫毛膏能让你的眼睛更有神"，不如直接写"戴

眼镜女生专用的睫毛膏",直接锁定目标顾客。

(2)再现生活片段

在文案开头展示目标顾客熟悉的画面、环境、地点、动作、行为、心理活动等,如"挤了3次都挤不上的地铁""为了拿加班补贴挨到9点才下班""排队排到5千米以外"等,都会直接让有过类似经历的目标顾客产生共鸣,从而提高文案被点击、阅读的概率。

某公众号推广一款厨具,文案开头为:"这几年,我们不得不宅在家中,有大把的时间变着花样给孩子做吃的,所以,拥有一口好锅太有必要了。"这段文案用常见的生活场景直接锁定了目标顾客,因为这类群体居家时间久、厨具使用频次高,购物需求更明确。

(3)展示相关利益

在文案开头直接展示目标顾客使用产品或服务后能够得到的好处,或者使用产品或服务前正在遭受的痛苦、损失、不便等。我们经常看到以"用手机这个功能,再也不会被女朋友嫌弃拍照太丑了""学习这个口语课,一个月后你就能和外国人进行简单的交流了"等话术为开场的自媒体内容，这些都是在文案开头就展示了相关利益。没有人不想逃避当下的痛苦，或者拒绝自己想要的利益。

想在线上卖一款手机，不要在文章开头就展示其材质和相关数据，不要写"大光圈""升级N倍镜头""在夜间覆盖N千米范围拍摄"等介绍手机设备参数的广告语，而是要直接写"一款能在夜里拍到星星的手机"，让顾客直接感受到这款手机给自己带来的好处，锁定有类似需求的顾客。

如果在文案开头呈现以上信息，就能快速筛选并锁定目标顾客。

2. 围绕顾客需求，说服目标顾客下单

文案本质上是一篇论证文，其核心论题是：说服顾客认同该产品或服务是解决问题的最佳方案。只有明确顾客核心需求，并据此组织文案语言，才能保证文案主题不跑偏。

如何通过一篇文案说服顾客下单？

首先，明确顾客的核心需求；其次，用文案将需求还原到目标顾客的生活场景中。

广告界有一项著名的对比调查。某品牌羊肉卷的卖家将包装袋上的图案由羊肉卷的高清特写照片，改为在热气腾腾的火锅上方，一双筷子夹着新鲜羊肉卷的照片后，销售量显著提升。与羊肉卷鲜嫩的品质相比，用户对和亲友吃一顿热气腾腾的火锅更感兴趣。成功的广告要将产品或服务能解决的问题还原到目标顾客的生活中，让顾客自我说服："我需要它，我要买它。"

由上例可以发现，顾客的需求不是假想出来的，而是真正存在于他们的生活场景中，并且会反复出现的。这个问题令他们难以忍受，而你的产品或服务正好能解决这个问题。

举个例子，我曾销售过一款进口止鼾膏，在社群第一次进行推广时，我介绍了该产品成分安全、有效，价格实惠，但没有人下单。第二次推广时，我将产品文案改为："有了它，晚上不再被另一半嫌弃。"结果立刻引起了有类似痛点（因打鼾被妻子嫌弃）的顾客的共鸣，促使顾客主动下单。

再举个例子，我曾在社群销售过一款能自然变色的纯植物润唇膏，第一次介绍产品时，文案以介绍其成分为主。在分析了群内顾客的身份和需求后，我针对不同的顾客群体设计了新的产品文案：

"忙碌的职场妈妈也能在早晨 3 秒钟就拥有好气色。"

"让别人看不出你化了妆。"

这些文案分别强调了职场妈妈希望高效变美、新手妈妈想变美又不想让孩子接触化妆品成分等需求，引起目标顾客的注意。接着，许多顾客主动向我咨询或者直接私信我下单。当天我在群里卖出了 25 支唇膏。

以上 3 点就是在文案中有效锁定目标顾客的方法，能够使你避免写文案时出现"自嗨式"表达，在文案开头就抓住目标顾客，唤起顾客的购买欲。

（二）讲故事，写出顾客喜欢读的文案

顾客不喜欢直接被说服、教育，讲故事则能够让他们放下审视和戒备的心理。故事中的人物、情节、情感等要素更容易带给用户沉浸式的阅读体验，还能为无形地植入产品、服务的信息创造条件，进而提高顾客信任度，增加顾客在看完文案后下单的概率。我常用两种故事类型写文案：动机式故事、冲突式故事。

1. 动机式故事，引导顾客认同

西蒙·斯涅克在《从"为什么"开始》中提到，生活中很多人在说服别人时，往往从"是什么"入手；但经过研究，他认为从"为什么"入手，用愿景、理念来激励、鼓舞别人，更能打动人心，之后再谈"是什么""怎么做"。

写文案时，从"为什么"入手，从卖家推出产品或服务的理念、缘由、动机等角度出发，比直接介绍产品或服务本身更有利于说服目标顾客。

我将这种故事类型称为"动机式故事"。动机式故事的本质是解决"为什么"的问题，和人的经历、愿景以及设计产品或服务的初衷有关。

以某款恒温杯为例。这款杯子能将热水变冷、冷水变热，将水温保持在40℃，方便父母为婴儿冲奶粉。其推广文案用动机式故事获得目标用户的认同。这款产品的研发者是一位"奶爸"，孩子出生后，夫妻两人在夜晚起床冲奶粉时，要花费很多时间反复兑水，才能把水温调到40℃。给孩子喂完奶后两人很难入睡，长此以往，妻子缺乏睡眠，面容憔悴，精神变差，生活质量受到了极大影响。这位"奶爸"坚持找工厂、找研发，最终研制出了这款杯子。父母在睡前往杯子里倒入热水，水温就一直保持在40℃，冲泡奶粉时方便极了。

这个动机式故事强调了新手父母的生活需求和痛点，引起了顾客对夫妻之间的爱的情感共鸣，让顾客快速记住了这个故事，进而了解和熟悉这款产品，为后续成交做铺垫。

再比如，某专家从教育业务转行到线上销售儿童玩具，招致了原有学员的反感，认为专家眼里只有赚钱，这一行为背离了教育行业的原则，引发了信任危机。

我在帮这位专家撰写文案时，就没有直接推广新的儿童玩具项目，而是讲了一个名为《粉色恐龙》的故事。

该专家曾在创办幼儿园之初，用一款粉红恐龙图案的拼

图玩具帮助了一个因父母吵架而变得敏感、自卑的 4 岁女孩，为她找回了被肯定、被相信的感觉。我在故事中详写了她如何一步步变得开朗、自信，并在最后指出，玩具代表着爱、陪伴和肯定，而该专家将事业转型为推广儿童玩具，是希望带动更多父母以好玩具为媒介，给孩子更多的爱和陪伴。

这个动机式故事让学员很快就理解到，这位专家只是希望以玩具作为媒介帮助孩子健康成长，他的初心没有改变，推销玩具的目的是让父母更好地承担起陪伴孩子的责任。文案发布一周后，老学员从反感、不理解转为理解、认同，最终有 300 多名老学员购买了新的会员产品。玩具被顺利卖出，专家顺利转型。

2. 冲突式故事，引发顾客好奇

讲故事容易，讲好故事难。按照时间、空间或者其他逻辑顺序来陈述事实，只能讲出平淡的故事。要想把故事讲得引人入胜，让顾客想继续看下去，就需要掌握一些讲故事的技巧。"冲突式故事"即在故事中增加冲突情节。冲突就是故事中的人物所受到的具体限制或者人物间出现的矛盾等。

如何在故事中增加冲突情节？可以从内部冲突、外部冲突两个方面着手。

内部冲突主要指心理冲突。常见的包括内心选择的冲突和外界标准的冲突、客观现实的冲突和社会伦理的冲突等。

例如"毕业后究竟是回老家还是留在大城市""大学生毕业后去养猪""希望留在北京但因生活所迫回了老家"等矛盾。

外部冲突，主要指人物需要面临的来自外界环境中的人、事、资源所造成的限制、困难、矛盾等。

例如，电影《肖申克的救赎》就运用了外部冲突来推动情节。主人公事业顺利却被诬陷入狱，想上诉却被监狱长阻拦，想越狱然而监狱管理森严……

《只讲故事不讲理》一书介绍了西方神经学家保罗·扎克曾做过的一项对比实验。他让两组实验参与者分别观看了《父亲照顾患病孩子》录像的不同版本。

第一组参与者观看的录像中只是普通的故事，其展示了父子的日常生活片断——父亲带着患病的小孩去动物园玩。

第二组参与者观看的录像画面不变，只是开头增加了父亲的旁白："我可爱的孩子今年6岁，但他已经被医生宣告只剩6个月的生命。作为父亲，我伤心得想陪他一起死去，但我还是要打起精神，让孩子在最后的时间里尽可能多体验生活的美好。"

结果显示，观看第二组录像的参与者血液中的催产素浓度提升了47%。催产素能够增强人们信任和爱等感受。同一个故事，只增加了冲突情节，就更容易引发用户的认同和情感共鸣。

冲突本身并非故事的重点，而是为推动故事的发展存在的。在文案中引入冲突式故事，会使情节产生起伏，冲击读者内心，引发读者的好奇和思考："然后呢？接下来如何？"在故事中引入冲突元素，可以展示人物在面对冲突、化解冲突、展开行动时做出的选择，引发用户情绪共鸣，提高下单的概率。

举个例子，我有一位团队成员在招募代理时，文案原本只是对事实进行叙述："我在大学毕业后做过两份工作，接连失业，只好做了××品牌的微商，一做就是8年。"

在学习后，她在文案中加入了冲突元素："我是一名微商。我做微商并非踩中了风口，而是因为连续两次被老板辞退，走投无路,所以在微商这个行业一做就是8年。但8年来我只做了一个品牌,靠着这一个单品,我有了万人团队,年营收过亿。"

文中包括5个冲突:

第一次冲突:做微商,不是踩中风口,而是失业后被逼无奈的选择;

第二次冲突:失业两次后不再继续求职,而是选择了自由职业;

第三次冲突:很多人进入微商这一行业后又离开,换成了其他职业方向,而自己一直在做微商;

第四次冲突:很多微商同行连续换品牌,而自己连续8年做同一品牌;

第五次冲突：微商同行靠加产品、多让代理囤货来提升业绩，而自己只做了一个品牌的一个单品就使业绩十分出色。

这篇文案展示了她这一路在冲突中做出的选择，树立了她向往自由、专业、靠谱、专一的形象，传递了价值观和为人处事的智慧，提升了读者转行做代理的意愿。

在故事中用好冲突能事半功倍。冲突最能推进故事的发展，增添故事可读性。引导顾客将自己代入冲突中，在好奇中读完文案、进行思考，才能发挥文案的最大价值。

（三）场景感，写出让顾客不再犹豫的文案

贝蒂娜·霍恩、简·吉尔摩、塔拉·墨菲合著的《不可思议的青少年大脑》一书提到："情感大脑负责感受和记忆，理性大脑负责推理和思考。"根据决策优先级，人类更容易被感性大脑支配。比如，当顾客看中橱窗中的衣服时，会被感性大脑支配，开始想象自己穿上这件衣服并被别人夸自己漂亮的情景，而理性大脑会告诉自己预算有限，暂时不要购买。但事实上，部分顾客还是会因被漂亮、美好等感性的感受支配而下单。

文案是说服的工具，要多用其去刺激顾客的感性大脑。

一个很有效的方法就是让文案展现出场景感。与普通的叙述不同，对场景感的营造更注重画面展示，文案中使用的名词、动词较多，让顾客有身临其境的感觉。基于对相似场景的回忆和联想，顾客的感性大脑会受到刺激并主导决策，从而在下单时不再犹豫。想要增强文案场景感，有3个常用的方法：

1. 多用名词、动词，少用形容词

石原义久在《创意之道》一书中提出，动词传递图像的速度总是比形容词快。这是指与较为主观的形容词相比，名词和动词更具体，对象感更明确，传递事实更高效，因而更易在顾客头脑中形成画面。

例如，某高端别墅的定位是打造高收入人群所渴望的安静、放松的居住环境。文案从"出则繁华，入则宁静"改为"踩惯了红地毯，会梦见石板路"。

两组动词和名词刻画出目标顾客的生活场景，用户虽无法与表达者感同身受，但以动词和名词建立起的场景感有利于用户更快获得足够的信息。

例如，某公众号以天气突然变冷为由推出冬季保湿面霜。文案没有直接描写天气有多寒冷，而是写"眼看着要到深秋了，超强冷空气马上就要来了。明明昨天还穿着T恤，一夜之间像进了冰箱，醒来后将长袖、长裤全穿上。"

这里用名词、动词描述了人们在冷空气到来后做出的一系列动作，场景感十足，让用户真切地感到寒冷，进而有皮肤紧绷的感觉，产生更换保湿护肤品的想法。

2. 描写具体细节

神经心理学表明，喜欢视觉化的东西是人的本能。增加更多的细节刻画，可避免用户产生空洞感或觉得信息模糊，有利于用户在头脑中建立场景，进而会主动地根据信息进行想象。《舌尖上的中国》就用了大量的细节描写来讲述食物的故事，强烈的场景感引起了顾客的认同共鸣。

如何把细节描述好以增强场景感？

第一，尽可能多地调动五感（视觉、听觉、触觉、嗅觉、味觉）。从看、听、闻、尝、触等角度描写事物，用文案将用户带到现场；

第二，适当加入对话、心理活动、人名、数据等信息，反映人物的行动动机、精神风貌等。信息越具体、越真实，越容易得到用户的信任。这有利于使用户调动大脑想象力，构建熟悉的场景。表达者和接收者之间将产生信任、共鸣，双方亲密度更高，为后续成交做好铺垫。

例如，某销售员为推广某品牌写文章时，特意描写了自己的心理活动。她心疼先生为家操劳而使身体落下毛病，在成功地帮助先生调理好身体后，决定推广这款产品，同时也能获得一份收入，帮先生分担压力。这个心理细节塑造了夫妻同心协力的场景感，让销售变得有人情味。描述具体细节有利于建立场景感，轻松获得用户的认同，促进成交。

3. 关联用户经验和记忆

人们习惯用已有认知去理解新事物，对陌生事物会因不熟悉而降低信息接收度。所以，文案要借用目标用户的经验和记忆中与产品相关的部分，引导用户捕捉信息，并快速理解、想象产品，建立场景感。

例如，用"把1000首歌装进口袋"介绍刚上市的iPod（一款随身携带的音乐播放器）、用"看屏幕和看纸质书的感觉很像,不刺眼、不反光,看久了不容易累"介绍护眼学习机的"大屏护眼技术"等。

使文案关联用户的经验和记忆,使用顾客熟悉、易懂的语言,降低顾客的阅读障碍,提高顾客对文案信息的接受度,有利于在用户头脑中构建画面,增强文案的传播效果。

例如,某公众号在推广一款眼霜时写道:"我自己用了它后效果还是挺明显的。作为一个'无情'的'新媒体码字机器',眼周皮肤有问题可太正常了。我经常和同行自嘲,这是每一篇爆款文背后的'血与泪'。自从我用了这款眼霜之后,眼纹和黑眼圈都变淡了,看上去比之前精神很多,身边的朋友还以为我现在能写稿能一气呵成,早早就睡了呢。"

在描写眼霜的功能时，没有介绍产品成分以及它如何让眼部肌肤变好，而是关联用户的过往记忆，使用户想起了自己因加班、熬夜、压力大而导致的眼周问题，并介绍了使用效果，文案立刻有了场景感。让用户将自己代入广告中，感受到产品的效果，成交率就能得到提升。

【本文小结】

　　生活处处皆销售。提升文案力就是提升影响力，而影响力等于财富力。在这个人人都可以发声的时代，掌握以上方法，你也可以提高文案力，提升销售技术，拥有自己的影响力。

2.3 解决力：那些高效能女性，谁不是带着伤口奔跑

水晶

一、我的故事

如果你经常面对客户这样的质疑："怎么是个女的？她能解决我的问题吗？"你会怎么做？你是坚持还是放弃？

我从事的第一份工作是某品牌电脑的软、硬件维护。入职后的前 3 个月，我经常需要花 1~2 个小时才能分析出客户电脑问题的根源，而和我同时进公司的男同事在一周内就上手了。眼看他只需要几分钟就能定位问题并快速解决问题，我的内心充满了挫败感。

但我并不是一个遇到困难就退缩的人。于是，我开始在

工作中观察那些有经验的同事是怎么做的,并总结出了我与他们之间的两大差距。

第一,不会分析。我遇到问题时经常没有解决思路,抓不住核心问题,导致解决问题的过程耗时很长。而那些善于解决问题的人都有很清晰的工作思路。

第二,不会治本。有些问题当前看似解决了,但隔一段时间还会出现,并没有从根本上解决问题。

就在我一筹莫展的时候,由于公司架构调整,我转行做了软件测试。通过专业培训,我的技能得到了快速提升,掌握了一些系统方法。

不到一个月,因为能快速、有效定位问题,缩短了项目的开发周期,客户满意度提高,我在公司内脱颖而出,成为测

试部门的核心骨干。之后，我更是多次获得"优秀员工"称号、加薪和期权，以及全部门仅有的一个海外培训名额。

在这个实现职场跃迁的过程中，我发现自己拥有了一种非常重要的能力——高效解决问题力。事实上，它也是职场人士需要具备的核心技能。它可以提高工作效率，使我们快速达成目标，减少时间和精力的消耗。

问题不是因个人主观判断而产生的，而是因期望与现实有差距而产生的。每个问题的背后一定藏着一个目标，解决问题是通往目标的必行之路。

如何才能高效地解决问题？根据我过往的经验，总结了3个主要方法，将在下文中与读者分享。

二、我的经验

（一）排除法

福尔摩斯最吸引侦探迷的是他会用无与伦比的推理能力破解各种棘手的案件。他有句名言："**当你排除一切不可能的情况后，剩下的，不管多难以置信，那都是真相。**"他善于把每一种复杂的情况尽可能地拆分为多个容易处理的情况，将不可能的情况逐一排除后再解决问题。

"排除法"是由英国哲学家培根在《新工具》一书中提出的，这是一种不同于传统推理方法的新方法，是一种逻辑思维方式。《实用公文词典》一书中提到："**排除法又叫'淘汰法'，是用于间接证明的一种方式。即一个论题被提出之后，先假设它可能存在多种其他情形，然后通过分析，将假定的其他各种可能都加以排除，也就是把论题以外的其他各种可能都一一淘汰掉，只剩下一种可能，这时我们要证明的论题就是正确的了。**"

1. 排除法可以缩短决策时间

排除法被广泛地应用于我们的日常生活、工作中。当我们面对有数个已知选项的问题时，如果难以直接选出答案，就可以先排除掉不合适的选项，那么最后剩下的那一个合适的选项就是答案。这种方式为我们处理问题提供了一个更为快捷的思维模式，可以缩短决策时间。字节跳动的掌舵人张一鸣说，他在择校和择偶时，就使用了排除法，最终的选择既符合自己的要求，又缩短了思考的时间。

2. 如何使用排除法快速解决问题

当我们遇到不易直接选出答案的多项选择题时，如何通过排除法来快速确定正确答案呢？具体的做法是：对备选答案逐一进行筛选，去伪存真，逐个排除错误选项，从而获得正确的结论。

首先，根据某些条件找出有明显错误的选项，对其加以否定。**然后**，根据其他条件在已被缩小的选项范围内继续找出错误的选项，逐个进行排除，直到剩下最后一个答案，那么这个答案就是正确的。用这种方法，能高效解决那些复杂的、不容易直接得到答案的问题。

哈佛大学曾经做过一个实验：让一些大学数学教授和成绩优异的初中生们一起做数学选择题。在正确率差不多的情况下，初中生用的时间要短得多。研究人员对于这个结果非常好奇，经过调查发现，导致这个结果的关键因素是双方的答题方式不同。

教授们习惯对选项逐个进行验算，选择出符合要求的那个选项；学生们则会采用排除法，如果A、B、C三个选项看起来有问题，即使不进行复杂的计算，也能推测出答案是D。从效率上说，排除法能简化一部分运算流程，所以更能节省时间。

在我参与过的机顶盒测试项目中，有时会发生黑屏问题。导致黑屏的原因有很多，除了机顶盒自身的硬件或软件出现故障外，还有可能是前端播出设备或者传输线路的问题，那么如何判断导致黑屏的原因呢？

此时，可以采用排除法优先排除最不可能的原因并验证容易验证的原因。

第一步，如果前端播出设备有故障，所有的机顶盒都会显示黑屏，那么只要尽快修复前端设备就好了。实际上，这种情况很少发生。如果只有个别机顶盒黑屏，就排除这个原因。排查的时间很短，一般不到1分钟。

第二步，判断传输线路是否存在问题。如果有问题，更换输入线路后黑屏现象会消失；如果仍然黑屏，就排除这个原因。一般耗时不到4分钟。

第三步，查看机顶盒的跟踪调试信息。如果是某个部件报错，可以在更换好部件后验证故障是否消失，确认硬件是否存在问题，一般耗时 10 分钟以上；如果是软件问题，则需要进一步排查软件出错的地方，耗时一般也在 10 分钟以上。

如果按照总耗时 25 分钟计算，使用排除法来解决问题的效率可以提升 40% 以上。

（二）换位法

福特汽车的创始人亨利·福特曾经说过："**如果成功有秘诀，那就是站在对方的立场上，从他的角度出发，以自己的观点看问题。**"换位思考，是解决问题最高明、简单的方法。

换位法常被用在人际交往中,它是指通过站在对方的立场上思考,来发现问题并找到解决问题的方法。

1. 换位法可以防止"当局者迷"

乔治·赫伯特·米德是美国的哲学家,他把换位思考称为**"站在他人的角度上考虑问题,并把自己放到那个位置上进行观察"**。

松下幸之助在日本被称为"企业之神"。他有一条重要的人生经验:站在对方的立场上看问题。他非常懂得换位思考的管理方式,在经济大萧条的时候,其他企业都在裁员、缩小开支,他却反其道而行,不但不裁员,还增加员工的福利、调整管理制度。站在员工的角度思考问题,使得公司的凝聚力得到空前的提高,生产力也达到了前所未有的高度。

事实上,以换位思考为基础来解决问题,不仅体现在商业中,还体现在日常工作、生活,甚至是教育子女的问题中。它可以让人从当局者的身份中走出来,变成旁观者来看整件事情。当你看待问题的角度更全面时,也能更好地解决问题。

2. 如何通过换位法找到问题的突破口

在日常的工作和生活中，我们会一时找不到某些问题有效的解决方法，陷入僵局。此时，如果每个人都能够站在对方的立场上去理解问题，可能更容易找到问题的突破口。在解决问题的同时，促成双赢的局面。

正如黑石资本创始人苏世民所说："**处于困境中的人往往只专注于他们自己的问题，而使自己脱困的途径通常在于解决别人的问题。**"陷入困局时，不如尝试换个角度，跳出自己的问题，反过来考虑自己可以为别人解决哪些问题，破局的方法可能就出现了。

如何使用换位法呢？

第一，学会相互理解。想要拥有良好的人际关系，一定要做到换位思考。

第二，每个人的立场是不同的，要学会倾听、理解，并站在对方的立场上思考。那些不会换位思考的人往往没有看到别人的立场，只站在自己的角度看问题，以自己的利益为出发点解决问题，这样很容易与他人产生矛盾。

第三，调整好自己的心态，不要过于看重利益得失。人生在世，除了关注自身的存在以外，还要关注他人的存在。己所不欲，勿施于人。

樊登在《可复制的沟通力》一书中提到自己做过的一个实验。他先让生产部生产一个产品，再通知销售部按时给客户交货。结果生产部、销售部和采购部互相推诿：销售部和客户确定了交货时间，生产部却认为无法按时交货，因为采购部没有采购到足够的原材料，而采购部的理由是没钱，因为销售部没有回款，所以无法买材料。

于是，他前后开了两次会来帮员工们处理问题。第一次，他让每个部门的主管把各自的困难和遵守的底线写出来，会议的结果是三方吵了近两个小时的架，问题也没有得到圆满解决。第二次，他让主管们写下各自的部门还有哪些可以妥协的地方，最终只花了半个小时，问题就解决了。原因是这次三方都主动提供了解决方法，进行了换位思考，沟通效率就变得非常高了，问题也得到了解决。

我目前在做一对一咨询的时候，就经常用到换位法，它能帮助我站在客户的角度思考，更快地找到解决问题的方案。

曾经有一位职场女性来向我咨询，她的问题是"如何让自己的执行力更强"。作为咨询师，为了让她感到放松，我会把自己放在和她相熟的位置上，在开场时营造一见如故的感觉。我面带笑容，语速适中，语调和缓，热情地和她打招呼，然后使用换位法分以下几步去做。

第一步，确认对方的姓名、生日等个人信息。这有助于快速拉近彼此的距离，增加亲切感，让后续沟通更顺畅。

第二步，重复对方的问题，深入沟通。我问她："你想提升自己的执行力，那现在面临的卡点是什么？你的方向清晰吗？"她回复："清晰，但有时计划好的事情我会因犯懒而不想做。"

第三步，换位思考，分析问题出现的原因。在沟通中我了解到她是一位有规划和目标，同时又渴望自由的人。通过换位思考，我想象自己是她，很快就分析出她的状态其实是在"想做"和"不想做"之间纠结，所以她既想完成目标，又想要自由。她听后表示完全认同。

第四步，确定解决方案。原因找到了，解决思路也就有了。我建议她发挥自己的规划能力，把目标量化、细分、拆解，在能力范围内一步步将其完成。

从以上案例能看出，运用换位法，我们能更快地找到问题的突破口。

（三）溯源法

著名管理学大师亨利·明茨伯格曾经说过："**连问5次'为**

什么'，并非什么妙法，不过一再追问'为什么'，就可以深入系统，找到问题的根本原因，许多相关的问题就迎刃而解。"这种不断提问"为什么"、向上追溯问题源头的方法，就是溯源法。

溯源法是一种追究根源的逆向思维方式，也是以倒推的方法来追溯原因并且解决问题的工作方式。通过追根溯源、由表及里地深入剖析，才能从根本上有效地解决问题。首次提出并将其正式命名为"溯源法"的是一家在线教育机构——三好网。他们根据学员出现的问题，去追溯其本源知识结构，从而找到让学员有效、快速理解知识点的解决方案。

1. 溯源法可以让问题解决不再浮于表面

在日常工作和生活中,我们常常在忙于解决的时候忽略查找问题背后的真正原因。其实,我们在当下看到的很多问题都可能是由一个根本原因导致的。只停留于事件表面去解决一个个看似不同的问题,实际上是"治标不治本"的,会导致同一问题反复出现,甚至变成更严重的问题。如果能追溯问题出现的原因,多问几个"为什么",很多问题就能从根本上得到解决。这不仅提高了解决问题的效率,还让我们看清了问题的本质。正如中医只有在望、闻、问、切后才能找到患者的病根,进而对症下药,做到药到病除。头痛医头,脚痛医脚,治标不治本,反而会延误病情。

2. 如何使用溯源法从根本上解决问题

电影《教父》中有一段台词:"**半秒钟就能看透事物本质的人,与一辈子都看不清事物本质的人,注定有截然不同的命运。**"如果我们看问题时流于表面,就会根据自己得出的片面的结论来推导类似的问题,导致错误无法真正被纠正。

溯源法的关键点是找到真正的问题。俗语"打破砂锅问到底"就是告诉我们在日常的工作和生活中,遇到问题时要多问几个"为什么"。

如何使用溯源法从根本解决问题呢？可以从这几个方面入手：

（1）从问题的表象出发，连续发问，向上追溯，直到找到问题的源头，再加以解决。

（2）悬置判断，获得足够的证据后再下定论，避免先入为主，做出错误的判断。

（3）利用亚里士多德提出的"第一性原理"，即"**在每一系统的探索中，存在一个最基本的命题或假设，它不能被省略或删除，也不能被违反**"。找到源头，从根本上解决问题。马斯克就是运用第一性原理，将发射火箭这个问题溯源到制造火箭的问题。

丰田汽车公司前副社长大野耐一曾举过一个事例。他通过连续询问5次"为什么"找出了机器停转的真正原因。有一次，他发现生产线上的机器总是停转，虽然被多次修理过，可还是问题频发，于是他问了现场的工作人员5个问题。

问：为什么机器停了？

答：因为超过了负荷，保险丝断了。

问：为什么超负荷呢？

答：因为轴承的润滑不够。

问：为什么润滑不够？

答：因为润滑泵吸不上来油。

问：为什么吸不上来油？

答：因为油泵轴磨损、松动了。

问：为什么油泵轴磨损、松动了？

答：因为没有安装过滤器，润滑油里混进了铁屑等杂质。

通过连续询问5次"为什么"，他找到了问题出现的真正原因和问题的解决方法。他们需要在油泵轴上安装过滤器。如果不是这样追根溯源来挖掘出问题，机器还是会修修停停，影响生产效率。溯源法可以让问题得到根本解决，不再重复出现。

曾经有位女士来找我做咨询，她提出的问题是"自己不善于沟通，应该如何改善"。从专业角度分析，她的沟通能力并不弱，那出现这个问题的原因是什么呢？于是，我运用溯源法分几个步骤来帮她解决问题。

第一步，问现状，了解她和熟人以及陌生人的沟通情况。她的回复是，在外面与善于倾听和沟通的人沟通时，过程比较顺畅，否则就不想多说话。回到家里，自己与家人的沟通也不多。

第二步，提假设。首先，根据她在外面的沟通表现提出假设：可能是她在和对方表达自己的想法时没有得到回应，所以就不想再说了。再根据她在家里的沟通表现提出假设：可能是小时候父母的陪伴不够，没有很好地倾听她的想法。

第三步，问假设，确认假设是否成立。

问：在外面遇到不善于倾听和沟通的人时，为什么不想多说话？

答：因为我和对方说了话，却总是得不到回应，出现这种情况的次数多了就不想说了。

问：和父母之间的交流多吗？

答：不多。

问：为什么，小时候也是这样吗？

答：小时候父母工作忙，我想让他们陪我玩或者聊聊天，可他们没有时间。

她的这些反馈说明我的假设成立。

第四步，提方案。让她了解导致沟通出现问题的原因，以及一些练习的方法，改善她的沟通能力。

如果不追溯问题出现的原因，她可能会认定自己天生就是不善于沟通的人。而溯源法有助于我们找到问题的根源，从根本上解决问题。所以，通过使用溯源法，我们能够挖掘出问题的根源，再从本质出发去解决问题。

【本文小结】

爱因斯坦说："如果给我 1 个小时解答一道决定我生死的问题，我会花 55 分钟来弄清楚这道题到底是在问什么。一旦我清楚了它到底在问什么，剩下的 5 分钟足够我回答这个问题。"这就是高手解决问题的思路。

无论是哪个行业，具备高效解决问题力的人都是企业需要的人才。所以，每个人都应该学习如何高效地解决问题，让自己更具竞争力，成为不可替代的佼佼者。

[第三章]

逆境突围

3.1 领导力：人少活多？用对方法就能让"小而美"创业团队实现高创收

冰冰

一、我的故事

2014 年，我的女儿出生，我开始在线上创业。在短短两个月时间内，我就收获了几十位团队成员，她们大多是宝妈。我常常一手抱着孩子，一手拿着手机，给她们分享我拓客谈单的经验，但她们不为所动，有的人甚至连课都不听。在一次营销活动中，我们团队几十人的业绩，竟比不过另一个 10 人团队的。

我的团队社群也毫无生气，成员间没有互动，有的人甚至直接退群。我很难过，也充满了挫败感。我很快发现，我一次又一次手把手地带她们做活动，尽管她们已经做过一两回，但离开我后，活动还是举办不起来，她们依然不清楚应该在什么环节做什么事情。我使出浑身解数，业绩始终没有突破。

我真的没有带团队的能力吗？我十分苦恼。我阅读了大量团队管理和领导力方面的书籍，也向在领导团队这方面做得好的团队队长取经。在半年的时间里，我一直默默地边学边实践。我对每位成员的情况加以分析，并为他们重新规划了目标。这激发了成员们工作的动力。接着，我又精心建立了"SOP（标准作业程序）"，打造出一套可复制的流程，试着慢慢把自己从忙碌中解放出来。

当"SOP"在团队中施行起来后,我才真正松了口气,又重新感受到了创业小团队的新鲜活力。下面,我将经验分享出来,希望对想做创业小团队的朋友有所助益。

二、我的经验

(一)成为榜样

俗话说:"火车跑得快,全靠车头带。"这句话用在创业小团队的管理上,同样是颠扑不破的道理。创业小团队虽然人数不多,但也是一个集体。作为团队的创建者和领导者,很多团队队长会常常困惑于团队成员不服从管理、人心涣散、执行力差等问题。其实这些都和团队队长是否能成为成员的榜样息息相关。国外教育家塞缪尔·约翰逊说："与其发号施令，不如身体力行。"团队队长的言行举止就像团队的方向盘，引领着团队的发展。团队队长做好表率，才能让团队朝着期望的方向发展。作为领导者，要为团队成员做好榜样，树好标杆，给团队成员们一个具象、可操作的现实参照。

1. 行为带动

团队成员往往不会听团队队长说了什么，而是看团队队长做了什么。如果只对团队成员严格要求，自己却随心所欲，那么怎能让大家服气呢？如果团队成员不服从管理，团队就是一盘散沙，团队管理将会陷入僵局。根据领导力的"镜像法则"，领导者树立好榜样之后，下属就会模仿他们的行为，最终使团队取得成功。因此，我通常会这样做：

（1）经常在团队社群里主动进行分享，带动大家的积极性，营造良好的社群氛围。

（2）带头去各个渠道做拓客活动，引起团队成员对客户开发的重视。

（3）带头为公司提供客户反馈素材，引导团队成员多跟进客户反馈，共同丰富公司素材库。

2. 能力示范

董明珠刚进入格力电器时，接手的第一份工作就是追讨一笔 42 万的债款，她仅用 40 天就完成了当时看起来几乎无望完成的艰难任务。之后，她又在一年内创下了 1600 万的个人销售业绩，打通了格力在安徽的市场。在几乎没有市场份额的南京，她再次签下了 200 万的订单。1994 年，她出任格力电器经营部部长。格力电器在她的领导下，市场占有率连续

11 年均居全国首位。董明珠屡次用自己的实力获得了下属的认可和信服，成为格力集团的榜样。

团队队长亲身做能力示范，会更容易获得团队成员的认可和追随，成为团队成员心中的榜样。

我发现每次用自己的实际案例做示范，效果都会意想不到地好，于是我把自己和不同类型的客户从破冰、建交、沟通、成交，再到售后的全部细节和话术都整理成课件，定期给团队成员做培训。平时还会不定期一对一指导团队成员谈单。在我多次帮助她们取得成绩后，大家都对我的能力十分认可。

（二）规划目标

英国政治家切斯特菲尔德说："目标是成功的利器之一，没有它，天才也会在矛盾无定的迷途中徒劳无功。"创业小团队成员每天会做客户拓展、产品宣传、客户咨询和维护等平常而烦琐的工作，大家很容易产生"得过且过"的想法，使得工作抓不住重点，成绩得不到突破。因此，把工作保持在目标的轨道上，会更容易抵达目的地。

在带团队的实践过程中，我会结合"SMART 原则"来帮助团队成员规划目标。

1. 结合"SMART 原则"规划目标

"SMART 原则"是由美国现代管理学之父彼得·德鲁克提出的关于目标管理的法则。

"S"代表"Specific"（要具体）

"M"代表"Measurable"（可度量）

"A"代表"Attainable"（可实现）

"R"代表"Rewarding"（有价值）

"T"代表"Time-based"（有时限）

"SMART 原则"可以帮助我们更高效、科学、规范地定目标。

（1）目标要清晰、具体

美国成功学大师拿破仑·希尔说过："目标必须是清晰和具体的。"这里的清晰、具体主要体现在能否让执行目标的人清楚地知道自己接下来要做什么，对目标的理解不能含糊、笼统。比如这个月要完成多少业绩、这个月要增加多少客户等。有可量化的具体目标，才能清楚如何达成目标。如果目标模糊不清，如"我下月的业绩要超过这个月"，这就是在喊口号，而非定目标。

(2) 目标要切合实际

目标是否可实现，关键在于它是否切合实际。在帮团队成员定目标时，我会根据每个人的销售能力、客户资源、以往业绩的不同，来定出符合她们实际情况的目标。因为只有切合实际的目标才具备可行性。例如，对于销售能力强、客户资源多、以往业绩不低的团队成员，我会将目标定得相对高一些；而对于销售能力弱、客户资源少、以往业绩不高的团队成员，我会把业绩目标设定得相对低一些。先把她战胜困难的信心培养起来，再积小胜为大胜，循序渐进地执行目标。

当目标明确之后，我再让她们列出详细的计划和步骤，即"想达到目标需要做什么"。还要列出具体的实施方案，即"怎么做"，来确保目标能实现。

我之前给团队成员定目标时，会一视同仁，要求每人每月完成 5000 元的业绩。有两位团队成员令我印象深刻。一位是实体店老板娘，她每月都能轻松地超额完成任务；另一位是普通宝妈，她的业绩不仅每月都不达标，状态也逐渐变得消极。后来我根据她们的实际情况分析出，实体店老板娘本身就拥有很多成熟客源，个人销售能力也很强。而这位宝妈之前从未接触过销售工作，人脉资源少，以对实体店老板娘的标准来要求宝妈是不现实的。因此,我把实体店老板娘的业绩月目标调整至8000元,宝妈的业绩月目标调整至2000元。在这次调整后,老板娘的业绩不仅得到了突破,宝妈也重拾了信心。

(3) **目标要有时限**

在给团队成员定目标时,还要明确目标的达成时间,这一点至关重要。管理者要教会团队成员如何规划目标的完成时间,并且帮助团队成员细化目标,具体到每月、每周和每天都要做哪些事情,如每天发几条朋友圈、与几个客户沟通等。即使每天只完成一个很小的目标,通过不断积累,总目标也会更容易达成。倘若目标没有时间限制,团队成员在执行的

过程中就会缺乏紧迫感，很可能会导致目标无法达成。

因此，在设定目标时，一定要考虑目标是否符合"SMART原则"。只有符合"SMART原则"，目标才能更科学、更有效地实施，才能助力目标更顺利地达成。

（三）团队复制

你是否经历过这种情况：明明是非常好做的活动，离开团队队长就无法运转。如果所有事情都需要团队队长亲力亲为，那么团队成员的能力就得不到锻炼和提升。出现这种情况的原因就是没有一个可复制的流程供团队使用。

美国硅谷 MC 公司老板马尔科姆曾说："一个好的团队，谁都可以用得上，谁都可以离得开。那么这个团队的管理者就是优秀的管理者。"由此可见，一个可供团队复制的流程可以减少人员流动带来的影响，让每个人都有独当一面的机会。

链家为了使每一个新员工都能快速进入工作状态并产生绩效，会安排 7 天的封闭式培训，并给他们一份详细的工作指引手册。正是由于对团队成员进行了标准的流程复制，才使门店快速从 1 家裂变成 8000 多家，成为房产中介行业中的翘楚。

因此，拥有复制能力是团队良性发展的重点。对创业小团队来说亦是如此，标准的复制流程可以帮助团队实现更大规模的资源共享，降低新成员的试错成本，提升团队成员的综合能力，同时减轻团队队长因重复指导而产生的压力。

我常用的方法是"SOP复制法"。"SOP"即"标准作业程序"，就是对某事件的标准操作步骤和要求进行统一描述，以指导和规范日常的工作。"SOP"的精髓在于对程序中的关键控制点进行细化和量化。

以我做过的"圈地为银"活动为例，具体步骤如下：

◎第一步，"SOP"制定

根据以往的活动经验梳理出流程与关键点，经负责人筛选和审核后制定"SOP执行手册"。执行手册包括活动的整体运营流程（见表3-1），其中包含各环节及对应的负责人。这样能让负责人和参与活动的团队成员对流程和分工一目了然。

做好详细的时间安排表（见表3-2），让成员清楚哪一天要做哪些工作内容后，就要制定每天的运营细则（见表3-3），方便成员们随时对照查阅。

表 3-1 "圈地为银"活动的整体运营流程

序号	事项	完成周期	完成时间	完成情况	部门	责任人
1	制作宣传海报、课程大纲海报	1天	开营前10天		运营组	
2	与讲课导师沟通,确认时间和排期	1天	开营前10天		运营组	
3	确定"圈地为银"礼品	1天	开营前10天		运营组	扬
4	撰写朋友圈宣传文案并制作配图	每天6条	开营前10天		素材组	几
5	制作押金登记表、打卡统计表	1天	开营前10天		运营组	扬
6	梳理开营仪式流程	1天	开营前5天		运营组	
7	撰写开营仪式主持稿	2天	开营前3天		运营组	
8	制作开营仪式海报	1天	开营前3天		运营组	
9	制作"导师分享"主题宣传海报	1天	开营前3天		运营组	靖
10	确认导师开营分享稿	1天	开营前2天		运营组	扬
11	开营仪式彩排及优化	1天	开营前2天		运营组	扬
12	确定打卡链接并上架	1天	开营前2天		运营组	扬

(续表)

序号	事项	完成周期	完成时间	完成情况	部门	责任人
13	制作倒计时1天的海报	1天	开营前1天		运营组	
14	梳理结营仪式流程	1天	结营前3天		运营组	扬
15	撰写结营仪式主持稿	2天	结营前2天		运营组	
16	制作结营仪式海报	1天	结营前2天		运营组	
17	制作招商政策及礼品海报	1天	结营前2天		素材组	几
18	确认导师结营分享稿	1天	结营前2天		运营组	扬
19	结营仪式彩排及优化	1天	结营当天		运营组	扬
20	询问招募人跟单情况	1天	结营当天		全员	全员
21	和学员确认礼物邮寄地址	2天	结营后第二天		运营组	扬
22	退押金并做好统计	2天	结营后第二天		运营组	扬
23	地址及押金情况汇总给相关责任人	1天	结营后第二天		运营组	扬

151

表 3-2　"圈地为银"活动详细时间安排表

时间	事项	完成时间	完成情况	责任人
第一天	早安问候，发打卡链接、提醒学员发朋友圈动态	9点		
	晒发动态数量多的学员的朋友圈截图（或自己的）	12点		
	确认分享导师分享时间	11点		
	预告分享导师、时间及主题	12点		
	再次预告分享导师、时间及主题（配老师的海报）	提前1小时		
	发布倒计时半小时通知，和导师确认时间	提前半小时		
	发布倒计时10分钟通知	提前10分钟		
	开始分享，发布海报并做简单介绍	分享时间		
	群内互动	分享结束		
	提醒学员发朋友圈动态、打卡（附打卡链接）	22点		
	汇总、统计群内出单情况	22点		
第二天（无分享活动）	早安问候，提醒学员发朋友圈动态	9点		
	统计打卡情况	10点前		
	晒发动态数量多的学员的朋友圈截图（或自己的）	12点		
	日常群内互动	13点~22点		

(续表)

时间	事项	完成时间	完成情况	责任人
第二天（无分享活动）	提醒学员发朋友圈动态、打卡（附打卡链接）	22点		
	汇总、统计群内出单情况	22点		
第三天（有分享活动）	早安问候，发打卡链接、提醒发朋友圈动态	9点		
	统计打卡情况	10点前		
	晒发动态数量多的学员的朋友圈截图（或自己的）	12点		
	确认分享导师分享时间	11点		
	预告分享导师、时间及主题	12点		
	再次预告分享导师、时间及主题（配老师的海报）	提前1小时		
	发布倒计时半小时通知，和导师确认时间	提前半小时		
	发布倒计时10分钟通知	提前10分钟		
	开始分享，发布海报并做简单介绍	分享时间		
	群内互动	分享结束		
	提醒学员发朋友圈动态、打卡（附打卡链接）	22点		
	汇总、统计群内出单情况	22点		

表 3-3 "圈地为银"活动开营和结营当天的运营细则

序号	事项	完成时间
开营		
1	建群，邀请学员入群	16 点
2	发送自我介绍模板	16 点~19 点
3	发布倒计时 1 小时通知	19 点
4	发布倒计时半小时通知	19 点 30 分
5	发布倒计时 10 分钟通知	19 点 50 分
6	开营仪式开始	20 点
结营		
1	发送复盘模板，提醒学员复盘及结营仪式时间	9 点
2	统计、汇总打卡及出单情况（不分发）	11 点
3	发布圈地之星、爆单之星、爆单女王海报	11 点~17 点
4	提醒学员复盘及参加结营仪式	15 点
5	发布倒计时 1 小时通知	19 点
6	发布倒计时半小时通知	19 点 30 分
7	发布倒计时 10 分钟通知	19 点 50 分
8	结营仪式开始	20 点
9	讲解招募政策，积极互动	分享结束
10	唱单及活动截止倒计时提醒	22 点
11	唱单及活动截止倒计时提醒	23 点
12	唱单及活动截止倒计时提醒	23 点 30 分
13	唱单及活动截止倒计时提醒	23 点 45 分
14	唱单及活动截止倒计时提醒	23 点 55 分
15	发布活动截止通知	0 点

◎第二步，"SOP"执行

确定好活动的"SOP 执行手册"后，对应负责人就要在截止时间前严格按照步骤来执行。如果哪位成员对要做的工作没有把握，应及时和负责人沟通和确认，清除在执行中遇到的障碍。具体执行步骤如下：

（1）活动前，由运营组负责开营前的各项准备，如制作活动海报、准备礼品、确认导师分享时间等工作。素材组负责在活动开始的前一周进行活动的宣发，将活动图片及文案以每天 6 条的标准同步在团队社群里。

（2）活动中，运营组根据"SOP 执行手册"中规定的时间进行开营建群、邀请学员、发自我介绍模板等工作，并按照日常工作要求进行社群互动，发布温馨提醒、统计数据等工作。在此期间，素材组要收集好学员的反馈。

（3）活动后，运营组对学员的朋友圈打卡和成单情况进行汇总，确认礼品邮寄地址，退押金并做好登记。

◎第三步，"SOP"迭代

当出现以下几种情形时，我们应对活动的"SOP"进行改进和优化，以便下一期活动能达到更好的效果：

（1）当"SOP"过于烦琐和复杂，增加了复制的难度时，我们就要对"SOP"进行适当的简化。

（2）活动结束后，由负责人对活动进行复盘，总结出需要保持和改进的方面，复盘内容经团队成员审核、认可后，再对"SOP"进行迭代和优化。

（3）如果下期活动需要增加一些新内容和新需求，再根据活动目标对"SOP"做调整。

按照以上 3 个步骤来进行团队标准化的流程复制，可以帮助我们把复杂的事情简单化，把简单的事情流程化。不断进行细节优化，不仅能增强团队成员做事的目标感和条理性，还能更好地实现优秀团队成员的批量化打造，改变成员过度依赖团队队长的被动局面，使整个团队的凝聚力和战斗力得到保障。

【本文小结】

综上所述，优秀的创业小团队的成员并不在于数量多，而在于精锐。10个将领顶得上100个士兵，将核心成员培养成"将才"，是创业小团队要努力的方向。团队中要有榜样，团队队长要以身作则，帮助团队成员规划工作并不断取得成果，这样才能让团队实现持续的正向复制与循环。当你结合以上方法来开启小团队创业后，你的领导力将会有所提升，团队发展也会更加顺利。

管理创业小团队所需的领导力，是普通人通过认真学习和练习都可以获得的。只要使用可操作、可复制的方法，创造有较强凝聚力的团队，你也可以实现自己的创业梦想。

3.2
识人力：阅人无数不如阅人有术，3招精准识别"对的人"

唐宜妘

一、我的故事

2016年，我负责一家创业公司的新业务团队搭建工作。在那之前，我已经有了7年大企业人才招聘、培养工作经验，我认为自己完全能胜任这份工作。当时，公司新业务团队需要招聘一位商务主管，三轮筛选与一轮加试后，我与业务副总决定聘请小A。谁知，她入职不到一个月，下属纷纷离职。我意识到自己仅凭岗位经验招人，识人不清。于是，我拆解了公司原商务主管的岗位说明书，并根据团队实际需求做了胜任力模型。然而，我在整整一个月内仍然没能招到一个合适的商务主管。

因为人员迟迟无法到位，我被业务副总埋怨，被老板说"没眼光"，工作顿时陷入困境。我多年积累的招聘识人的经验与方法，这次居然失灵了。我对自己的识人能力产生了质疑。为了找到问题，摆脱困境，我认真回顾了整个招聘过程，发现虽然有岗位说明书，但是团队负责的是新业务，岗位用人要求发生了变化。

同时，我也在思考：为什么小 A 这种名校毕业、有名企背景的候选人，入职后却不能适应公司环境，导致下属纷纷离职？我问自己：如果再遇到小 A 这样的应聘者，我该怎样有技巧地提问，才能识别出他的真实能力？

我怎么做才能高效、准确地识别出符合企业发展需求的人？

为了找到方法，我在朋友的推荐下报了精准识人课程。我边学边练，总结在大量面试中获得的经验，识人的效率和准确率得到快速提升。2017年，公司要开拓会展业务，我在一个月内完成了核心人才引进及业务团队搭建，助力团队顺利度过磨合期，业绩实现"零突破"。

通过这段经历，我对识人有了全新的认识。识人能力，就是能高效且准确地识别和挖掘出适合企业发展需求的人的能力。我在大量的实践过程中总结出一套切实可行的识人方法，在这里与大家分享。

二、我的经验

（一）绘制人才画像法

在刑侦剧中，大家经常会看到这样的场景：刑警勘查犯罪现场并与现场目击证人沟通后，很快会概括出犯罪嫌疑人的基本特征。例如"男性，年龄40岁左右，身高170~175厘米，身材偏瘦，性格暴戾"。这就是通过现场特点和目击证人的描述概括出的犯罪嫌疑人的"犯罪心理画像"。

同理，人才画像是我们在招聘前根据岗位特点和需要对目标人才各项能力和特质的描述，概括出人才画像，我们就能知道自己需要的人才来源在哪里，然后集中精力与资源，有针对性地开展招聘活动，这样就能快速、精准地找到目标人才。

人们常说："欣赏一个人，始于颜值，敬于才华，合于性格，久于品质，忠于人品。"颜值与才华，就是目标人才的外在特征，如年龄、学历、专业知识、技能、经验等；性格、品质，就是目标人才的内在核心素质，如诚信、善良、有责任心、积极主动等。这两者相结合就是一个完整的人才画像。

通常，要描绘一个岗位的目标人才画像，我会从以下两个方面入手：

(1) 关键任务分析法，描绘人才外在特征

在做分析前，我们首先要问自己这样一个问题：我找的这个人，是来解决什么关键问题的？

这里的关键问题，可以理解为能直接影响该岗位工作目标达成情况的因素。明确了关键问题，就可以分析出解决这些问题要用到的方法、工具与资源，以及解决问题的人需要具备的学历、知识、技能、经验等。

以"海外游戏发行总监"岗位为例，按照以下表格逐条分析关键信息，就能了解该岗位人才的外在特征（见表3-4）。

表3-4　岗位关键信息分析

岗位关键信息分析	
岗位	海外游戏发行总监
目标	开拓海外手游市场
关键问题	组建海外发行团队
达成目标的过程中需要的资源	1. 人力资源部门的配合； 2. 招聘渠道：专业猎头公司； 3. 充足的招聘预算。
需要具备的知识、经验、技能	1. 3年以上海外发行团队管理经验； 2. 具备从0到1搭建并运行海外游戏发行团队的经验。

(2) 标杆分析法，描绘人才内在核心素质

为什么身处同一个岗位，有的人做得好，有的人做得不好？出现这种差异的原因，主要在于不同的人内在核心素质的不同。有的人愿意走出舒适区，不断挑战自己，承担更多的工作任务，有的人则安于现状，遇事推诿。

在实际工作中，我们都希望能跟那些工作做得好的员工一起工作，因为我们可以很快获得工作成果。老板也希望招进公司的都是工作做得好的员工。那么，这些人身上都有哪些共同的特质？我们要如何提炼出这些特质？可以通过对公司里业绩优秀的员工进行分析，来找到这些特质。这个方法也称为"**标杆分析法**"，是由美国施乐公司在1979年自创的。目前，全球90%以上的500强企业在日常管理活动中都应用了该方法。具体步骤如下：

第一步，选定标杆人才。公司通常会选择前20%做得好的员工作为标杆；

第二步，分析标杆人才。对这类员工近3年的工作业绩、人才测评结果、领导及同事的评价、个人访谈记录等信息进行分析，并从职业发展规划、价值观、自我认知、个人品质、行为动机这5个维度总结出使他们表现卓越的原因，如个人目标清晰、善于团队协作、工作积极主动、富有责任心、客

户意识强、有创造力等。

第三步，总结这些标杆人才的共同特质，绘制出内在核心素质画像。

某消防设备公司要提炼出优秀员工的共同特质，绘制出员工的内在核心素质画像，将其作为招聘人才的基本要求。于是从公司100多名员工中筛选出前20%工作做得好的员工，从他们最近两三年的工作业绩、人才测评结果、员工评价、访谈记录等历史数据中提炼出关键信息，总结了3条共同特质：具备客户服务意识、工作积极主动、善于团队协作。

运用以上3个步骤绘制人才画像，就能精准找到企业和岗位需求的人才特质，为之后筛选简历和面试做好准备。

（二）行为面试法

李祖滨、刘玖锋合著，德锐咨询策划的图书《精准选人：提升企业利润的关键》中提到："行为面试法可以使我们比较全面、深入地了解候选人，从而获得使用一般面试方法难以达到的效果，是高效的面试法。"

我在招聘时，发现很多业务部门的负责人面试应聘者的过程就像在聊天，提问随性且毫无章法与逻辑，完全依赖于个人经验和主观判断。他们经常会问候选人："你的团队协作能力好不好呀？""假如你加入公司，将会怎么开展工作？"很多有丰富面试经验的人，回答这类问题的能力是非常强的，但他们的工作能力实际并不强。这种仅凭直觉和个人经验提问、判断的面试，成功率低且识人精准度低。

我们想提高自己的识人精准度，就要使用能够全面深入了解候选人实际能力、素质的高效面试方法，我将在下文详细介绍自己常用的"行为面试法"。

1. 精准提问，问对问题才能找对人

行为面试的效果取决于面试官提出问题的质量，问对问题才能找对人。因此，面试官要在问题中融入具体的情景，根据候选人描述的过往工作经历，考察其能力、素质。

首先，基于工作情景提问，考察能力。

由迈克尔·M. 隆巴多、罗伯特·W. 艾辛格合著的《构筑生涯发展规划（第3版）》（*Career Architect Development Planner 3rd Edition*）一书中，提出了"721"法则，即一个人能力的提升70%来自工作中的实践、锻炼，20%来自向榜样学习，10%来自正规培训。因此，我们在考察候选人的能力时，要围绕工作情景提问，通过候选人的回答来考察其能力高低。比如我们在考察应聘财务经理者的税务筹划能力时，就可以这样问："请举例说明，你是如何通过税务筹划降低公司税负率的？"

其次，基于特殊情景提问，考察素质。

如今，企业面临的竞争压力越来越大，对员工的要求也越来越高，员工除了要有过硬的业务能力，个人素质也要出类拔萃。而个人素质常常要在"最需要"的情景下才能显露出来，所以在考察时，我们可以从"最好""最难"两个情景出发，让候选人描述出自己相应的做法，以此获得不同角度的考察结果。例如，考察"团队协作"的素质，我们就可以在"最"字情景中来提问（见表3-5）：

表 3-5 "最"字情景提问

"最"字情景提问	
情景	问题
"最好"情景	请讲述你与其他人或团队合作得最成功的一次经历。
"最难"情景	1. 请讲述当你与团队成员意见不一致时,是如何处理的。 2. 当你遇到很难合作的团队或个人时,你是如何解决问题并与他们达成合作的?请举例说明。

2. 深度追问,有效提升识人准确度

智联招聘的一份调查表明,几乎所有的人力资源从业者都遇到过候选人夸大或隐瞒事实的情况,其中有超过30%的受访者认为候选人说谎的比例超过50%。在面试中,候选人最容易在"离职原因""工作经历"和"薪酬福利"等方面说谎。

事实上,很多面试官都认为自己有"火眼金睛",能快速判断候选人是否在说谎。在面试的追问环节,很多面试官问的问题都非常浅显,在获取少量信息后就凭着自己的直觉进行判断,还没能掌握清楚候选人的真实情况,就提出下一个问题。在这种情况下我们也无法做出准确的判断。

通常，我们会从背景、任务、行动和结果 4 个方面入手，按照"深度追问表"（见表 3-6）对候选人描述的工作经历中模糊不清或是不合理的地方进行深度追问。

表 3-6 深度追问表

深度追问表		
维度	候选人的描述	深度追问
背景	"我在上一家公司曾做过类似的项目。"	1. 请详细描述一下，这个项目开启的时间、地点以及参与这个项目的具体人员。
背景	"我在上一家公司曾做过类似的项目。"	2. 在这项工作中，你具体负责或参与了哪些工作？请详细说明。
任务	"我负责解决项目中出现的协调问题。"	1. 这个项目中具体出现了哪些协调方面的问题？ 2. 你是如何解决它们的？ 3. 解决这些问题的难点是什么？
行为	"我当时是这样做的……"	1. 请详细描述一下当时你解决这个问题时的思路。 2. 你在解决这个问题的时候，采取了哪些具体行动？ 3. 你在解决问题的过程中克服了哪些困难？

(续表)

深度追问表

维度	候选人的描述	深度追问
结果	"我取得了还不错的结果。"	1. 有没有可以衡量这个结果的数据？ 2. 客户或公司对这个结果的评价是什么？ 3. 这个结果对后续的工作产生了什么影响？

某公司面试了一位采购主管，她在简历中提到曾帮助公司优化了采购流程。关于这段经历的具体过程，她基本上做到了对答如流。但面试官对她这么基础的职位能推动公司的流程优化工作表示怀疑，于是就以下问题展开了追问：

"公司中都有哪些人参与了这项工作？"

"在这项工作中，你的领导起了什么作用？"

"这项工作是由谁提出来要做的？"

"你在这项工作里担任的角色是什么？"

"在优化采购流程的工作中，涉及其他部门的事情，是由谁来进行协调、沟通的？"

"有什么数据可以衡量采购流程的优化效果？"

通过提这些问题，面试官得知这个项目是由采购部部长提出来的，她的直接上司负责具体的策划和协调工作，她只承担了部分数据分析与资料整理工作,其能力与公司对这一岗位所需人才的要求还是有一定差距的。

综上所述,我们通过行为面试可以全面、深入地了解候选人的能力、素质,为同一岗位筛选出多个合适的候选人,然后用下文提到的综合评价法挑选出最合适的候选人。

(三)综合评价法

通常,在招聘时,同一个岗位会有多名候选人来应聘,他们都有各自的优势。面试官选了这个又怕错失那个,这种心态让我们无法马上做出判断。那么,什么方法可以让我们挑选出最合适的候选人呢?

在贾俊平、何晓群、金勇进编著的《统计学（第四版）》一书中提到了一种运用多个指标、多个单位同时进行评价的方法，称为"综合评价法"。通过这个方法，可对候选人从工作能力和价值观两方面进行评价。根据各维度评价的综合结果对候选人进行排名，排名最高的就是最合适的候选人。

举个例子。以某消防设备公司招聘的财务经理岗位为例，在对多个合适的候选人进行综合评价时，我们可以从以下两个方面入手：

1. 学历、知识、能力、经验、特质、期望薪资等维度的评价

在面试阶段，我们淘汰了那些经验、能力、素质明显达不到要求的候选人。可以说，能通过面试的候选人，都达到了岗位的最低要求，有些候选人甚至在一个或多个维度的表现超过了岗位要求。

"综合评价表"能直观地展示出面试官对这些候选人各个维度的评价结果。经过对比分析，3 号候选人的评估结果是 3 个优秀、1 个良好，在 3 名候选人中排名最高。

表 3-7 综合评价表

综合评价表					
评估岗位：财务经理	学历背景	专业能力	经验	个人特质	期望薪酬
岗位最低要求	全日制本科，财经类相关专业毕业，中级以上职称	良好的税务筹划能力	3年以上行业标杆企业同等岗位工作经验	沟通能力强	岗位薪酬区间：税前15~20万/年（不含福利）
1号候选人评估结果	良好	良好	合格	优秀	税前16万/年（不含福利）
2号候选人评估结果	优秀	良好	良好	优秀	税前20万/年（不含福利）
3号候选人评估结果	良好	优秀	优秀	优秀	税前20万/年（不含福利）

2．价值观评价

我们在交朋友的时候，经常会说"这个人跟我三观不和，做不了朋友"。同样，在对候选人进行综合评价时，也要评估候选人与企业的三观契合程度。在现实中，大多数企业会更看中候选人的价值观如何，在两个候选人其他维度评价相同或差距不大的情况下，价值观评价高的就是最优候选人。

我们可以借鉴阿里巴巴的价值观评价内容及标准来对候选人的价值观进行评价。比如：我们可以按照"价值观评估表"（见表3-8）中的内容及标准来对候选人的诚信程度进行评价。经过对比，1号候选人和3号候选人的价值观评价均为良好。

表3-8 价值观评估表

价值观评估表			
评价标准	合格	一般	良好	优秀
诚信	诚实、正直，言行一致，不受利益和压力的影响。	通过正确的渠道和流程准确表达自己的观点；表达批评意见的同时能提出相应建议，并做到"直言有讳"。	不传播未经证实的消息，不在他人背后不负责任地议论事和人，并能正面引导他人。	勇于承认错误，敢于承担责任；客观反映问题，严厉制止损害公司利益的不诚信行为。

(续表)

价值观评估表				
评价标准	合格	一般	良好	优秀
1号候选人评估结果			良好	
2号候选人评估结果		一般		
3号候选人评估结果			良好	

3. 综合排序，选出最优候选人

根据以上两方面的评价结果，优先按照价值观评价结果对候选人进行排序，淘汰2号候选人，再按照其他维度评价结果排序，最终筛选出3号候选人为最优候选人。

【本文小结】

阅人无数不如阅人有术。要想高效、精准地识人，就要绘制目标人才画像，了解自己需要的人才来源，集中精力与资源，快速、精准地找到目标人才；通过在面试中精准提问和深度追问，能全面、深入地了解候选人的实际能力、素质；再通过多维度的评价，就能挑选出与岗位匹配度高的目标人才。

我们只要掌握好以上方法与工具，就可以在有限的面试时间内，精准识别出真正能满足企业发展需求的人才，降低企业的人才错聘成本，缩短员工培养周期，为企业发展提供有力的人才支持。

3.3
统筹力：又忙又累的全职宝妈用好统筹力，轻松做到"左手带娃，右手副业"

王芳

一、我的故事

我是一名已经在岗 3 年的全职宝妈。每天宝宝醒来后，我的时间就被剥夺了。她饿了，我要准备儿童餐；饭后的狼藉，等着我来收拾；她要玩耍，我又得陪伴她；玩耍之后，她累了，倒头就睡，我要收拾餐桌和满地的玩具；刚收拾好，想坐下来回复一下微信留言，她又醒了。

在 1000 多天里，这样的日子像一段影片，每天循环播放着。在朋友圈看到很多宝妈一边晒娃一边晒做副业，我很是羡慕。原以为成为全职宝妈后，我也可以兼顾生活和副业，但实际上自己每天带娃和打仗一样，所有的时间都消耗在孩子身上。

我也曾试图重新规划自己的生活，但发现孩子并不听从我的安排，她常常打乱我的计划，我该怎么办？带娃的同时又做好副业，我真的做不到吗？

我在迷茫时期阅读了大量教读者合理分配时间和精力的书籍，也向有经验的人学习，并开始认真实践。几个月后，我发现通过训练，我的生活真的有了改善。

孩子在我的影响下，学会了自主安排自己的生活，还会帮我分担一部分家务，独立性和生活能力也逐步提升。我的副业也有了进展，获得了一定的业绩。

在这一过程中，我意识到规划力的重要性。我们要在目标的引导下，对工作进行梳理，有重点地规划要做的事务。掌握这项能力，我不仅可以更好地陪伴孩子，也做好了家庭中的诸多杂务，更空出了更多的时间来做副业。我真正做到了既顾家又顾梦想。下面，我想分享3个核心经验，希望能给予同样身为全职宝妈的读者一些启发。

二、我的经验

（一）制定目标，规划有方向

1. 做规划前要明确目标是什么

管理学大师彼得·德鲁克说："并不是有了工作才有目标，而是有了目标才能确定每个人的工作。"

哈佛大学做过一个关于目标如何影响人的跟踪调查。调查的对象是一群智力、学历、生活环境等条件差不多的年轻人。这些参与者中，有27%的人没有目标；60%的人目标模糊；10%的人有短期的目标；3%的人有清晰的长期目标。经过25年的跟踪调查，结果显示，那些有清晰长期目标的人，他们始终朝着同一方向不懈地努力，25年后，他们几乎都成了社会各界的顶尖成功人士；那些有清晰的短期目标者，25年后大都处于社会的中上层，这些人通过实现一个又一个短期目标，让自己的能力、社会地位得到了稳步上升，后来都成为各行各业的精英，如医生、律师、工程师、企业高管等。而那些占60%的模糊目标者，25年后几乎都处于社会的中下层，他们大多安于现状，每天做着重复的工作，没作出过什么特别的成绩。剩下的27%是那些25年来一直没有目标的人，他们中有很多都是失败者。

由此可见，在对自己生活的规划这件事情上，明确的目标起着指引作用。有目标才能获得成功，哪怕只有阶段性的目标，也能起到很大作用。而当我们获得了阶段性的成功，就会更有动力去完成下一个目标。全职宝妈做副业时，虽然生活琐事也使她们备感压力，但更容易让她们焦虑的是每天都在机械地做事，却不知道自己做这些事能达成什么目标，这导致她们十分迷茫。所以，在规划自己的生活时，要做到目标先行。

2. 制定目标的3个方法

保罗·R.尼文和本·拉莫尔特两位"OKR"（目标与关键成果法）的权威专家在《OKR：源于英特尔和谷歌的目标管理利器》一书中是这么定义一个好目标的："一个好的目标应当是有时限要求的、鼓舞人心的、能激发团队达成共鸣的。"在任何事中，好的目标都能指导整个计划的实施。

（1）时限性

目标要有明确的截止时间。如果太长，无休止的努力和奋斗容易消磨掉我们的斗志，还会导致事情被无限制地拖延；如果太短，我们会感觉还没进入奋斗的状态就已经到了目标期限，目标没来得及达成，容易让人受挫、沮丧。

日本作者三谷淳在《延迟满足》一书中提到自己是这么设置目标期限的："把完成目标的期限设置成自己在集中精力的情况下能达成目标的最短期限。"适当的时限要求会让我们产生紧迫感，同时有动力和时间赛跑，还能明确知道自己每天要完成的任务。通常我会把自己的目标期限设定为一个月，这样既能让自己有全力以赴去奋斗的时间，也不至于在陷入繁忙的家务活的同时，还要因目标期限逼近而感到焦虑，这样的时间跨度让我张弛有度，更愿接受目标的挑战。

（2）鼓舞人心

能够鼓舞人心的目标能使人充满信心、勇气并产生愉悦感，也能让人产生内在的动力。

如果目标过于平淡，在内心掀不起一点波澜，那么我们遇到一点困难就会想放弃，这对于达成目标非常不利。目标越让人兴奋，就越使人有"跨过刀山火海"的毅力。只有心中充满自信，我们才能迸发出强大的工作力量，达成目标也指日可待。

每次，我除了设定自己的事项目标之外，还会设定一个帮助别人的目标。因为除了自己能完成任务，帮助别人也完成任务会让我有一种"成人达己"的自豪感。所有的小伙伴一起进步，是我想看到的局面。

（3）形成共鸣

常言道："一个人或许可以走得很快，但一群人能走得更远。"我做副业的时候，常常会跟团队成员一起制定目标，务求与每位成员达成共鸣。

彼得·德鲁克在《管理的实践》一书中讲过"三个砌筑工"的故事。他问三个砌筑工:"你们在干什么?"

第一个工人说:"我在养家糊口。"第二个工人自信地说:"我在做全国最好的石匠活。"第三个工人则热情洋溢地回答:"我在建造一座大教堂。"

第一个工人只关注时效,完成当天的任务即可,而不关注质量;

第二个工人关注自己专业知识的进步和专业技能的提升，以及获得的成就，他有鼓舞人心的愿景，能振奋自己的精神，但缺乏整体目标，容易顾此失彼；

第三个工人的目标则更深入，他心中有个美好的蓝图。这样的人往往个人目标跟公司整体目标一致，在团队中能与他人形成共鸣，会在团队活动中认真完成自己的工作。

如果团队成员间没有共鸣，就会导致每个人在同一个目标上朝多个方向出力，最终导致人心涣散、目标瓦解；如果团队成员间形成共鸣，则会产生"众人拾柴火焰高"的效应，又像在"两人三足"的游戏中，大家齐步朝前走，将势不可当。

（二）找到工作重点，才能高效完成

我经常听到有人说，自己每天忙忙碌碌，一整天都没有停下来过，却不知道忙了些什么；回过头才发现自己真正要处理的事还没来得及做，却已经筋疲力尽。英国有句谚语："要做事，但不要做事务的奴隶。"如果像这样每天都被各种突发事件牵着走，我们就会逐渐脱离目标轨道。

好的管理者，不管是管理团队还是进行自我管理，对于事务的安排都是有优先顺序的，这样才能保证事件朝着我们设定的目标推进。就像俄国诗人马雅可夫斯基所说："我们工作时，要使每件日常事务适应于坚定的目标。"

效率大师艾维·李曾经向濒临破产的美国钢铁公司总裁理查斯·舒瓦普推荐过一种提升工作效率的方法——"6点优先工作制"。

（1）每天整理出6件最重要的事情，排列好优先顺序；

（2）全力以赴地专注于每件事，完成一件后再继续做下一件事；

（3）完成第一件事后，对剩下的事根据事态发展重新排序，继续做最重要的事。

每天只要完成了这6件事，那么一天的工作时间就基本上得到了充分利用，重要的事情也得到了优先处理。理查斯·舒瓦普总裁根据建议执行了一段时间，初步尝到甜头后，他让他的高层管理人员甚至员工也使用这个方法。一年后，这家公司一跃成为美国最大的私营钢铁公司。这个方法之所以能有这么好的效果，是因为公司里的每个人，从上级到下属，都在做着他们手上最重要的事，极大地提升了工作效率。

我们的注意力和精力都是非常有限的,但要做的事情却很多,所以我们必须对事项进行合理规划。即使有突发事件发生,或者需要调整某些事项,只要保证自己正在做的是目前最重要的事就行了。

以我在训练营工作期间的一天事件安排为例,看一看我是如何做事件规划的。

一个做副业的宝妈,照顾孩子的同时还要做好训练营的工作,我每天的安排如下(见表3-9):

表3-9　我在训练营期间一天的事务安排

当天要做的事	我的思考	做优先顺序排列	遇到突发事件	再次排序
1)早上把当天训练营的工作安排下去,强调工作重点,让大家的工作进度同步。		(1)	遇到计划外的事,比如突然有人来咨询产品并下单,要及时跟进,避免丢单。我再次考量计划事项的优先顺序。	(1)
2)跟踪优秀学员的分享进度(确认是否评选出了优秀学员、有没有提醒到个人、稿子是否已审核,保证这个环节的工作质量)。	团队需要更多的联动,为了提高效率,我会提前安排工作。考虑将该事项放在列表中靠前的位置。	(2) (6)		(2) (6)

(续表)

当天要做的事	我的思考	做优先顺序排列	遇到突发事件	再次排序
3) 确认负责人是否跟进每天要公布的小组排名工作。				
4) 统计前一天学员个人各项目得分，为最后的个人评选工作做准备。	重要但略琐碎的事情，可以利用空闲时间完成。	(3) (7) (4)	权衡剩下未做的事。 经过分析，我会把(4)暂时去掉。 当天有时间就处理，没有时间就将其列为第二天要重点处理的事项。	(3) (7) (10)
5) 关注训练营群内动态，发现问题及时进行调整。	要在一天中的多个零碎时间多次关注，即使我没关注，也有组长在关注自己小组的动态，可以考虑将该事项列为非重点事项。			
6) 给孩子准备午餐。				
7) 听专业课程并做笔记。	三选一，保证自己每天有所提升。			
8) 运动半小时。				
9) 看书1小时。				
10) 突发事件。			考虑事件的重要性，参与剩余未办重要事件的排序。	

我在前一天晚上已经在心里计划好第二天要做的事，并把它们罗列下来，然后挑出6件最重要的事，并对它们进行优先排序。

从表中可看到，我运用"6点优先工作制"，并根据自己的情况对事项进行了适当调整。在有大块时间时，我能迅速知道自己要做什么，并集中注意力去处理它们；我在零碎时间里会把重要但不复杂的事情做完。找到计划中事件的重点，才能对自己每天的工作有更直观的了解和把控。

正是对事件进行了规划，我才能在照顾孩子的同时做好自己的副业。

（三）做好人员分工，组建高效团队

明明有团队，却没人能为自己助力；总是一个人干着一支团队的活，又累又没成绩；其他人其实想帮忙却不知道自己能做些什么、要怎么插手……你是否有过这样的经历？这一系列问题的根本原因，其实就是领导者没有做好人员的分工安排。

所谓人员分工，就是将不同的人与具体事件相匹配，即指派什么人去完成什么工作。这个过程要求统筹管理者要明确每个人的品德和特长，熟悉每个人的能力，从而把合适的

人放在合适的位置上。英国古典政治经济学家亚当·斯密认为："分工是提高劳动生产力的重要因素。"

没有做好人员分工，可能会使一个人同时关注多项事务，造成精力分散、工作质量得不到保障，或者处理问题不及时，甚至问题没人处理的情况，严重影响工作效率。更严重的，会导致团队工作无法有效开展，出现人多手杂、相互推诿的乱象。

而做好人员分工，则可以让每个人在各自岗位上深挖专业技能，形成有效的专业积累，实现业务专精；团队成员在合理分工下有效协作，积极性提高，执行力提升，还能有效地实现对目标的整体推进。

要想做好人员分工，可以遵循以下3个步骤：

1. 梳理工作任务

《明茨伯格论管理》一书中提到："每一个有组织的人类活动，都存在两大基本而又对立的要求：一是把工作变成多个待执行的任务；二是把这些任务协调好，完成该活动。"这就要求管理者在做人员分工时，要先梳理好项目的工作任务，细化工作岗位，然后再分配任务，进行协调，才能保证整体工作顺畅、高效完成。

2. 考虑成员个性、优势

进行分工前，要观察团队不同成员之间的差别，根据他们的优势去匹配合适的岗位。"用人所长，天下无不用之人"也验证了这一点，即用人的时候，要利用他的优点。而管理者要做的就是知人善用，唯才所宜，让英雄有用武之地，体现出统筹管理者的识人、用人才能，这对于保证项目高效又有质量地完成起到了至关重要的作用。

3. 人岗匹配

俗话说："一把钥匙开一把锁。"把合适的人放到合适的位置上，才能最大化发挥出其自身的潜力和价值。曾国藩就是"知人善用"的高手。他在长沙练兵时明确了自己的任务——整顿当时混乱的秩序，让老百姓生活安稳，并树立自己的权威，给扰乱公共秩序者以严厉打击。他曾分析一位部下的性格特点，认为他有足够的智慧和胆识，于是给了该部下可以就地正法罪犯的权力。这名部下的执行力果然极强，在行动中，成功威慑了罪犯，达成了曾国藩的目的。这一任务能有如此好的结果，完全得益于人与岗的完美匹配。

再举一个我自己的例子。在做训练营前期筹备工作时，我的首要任务是找到合适的团队成员。我从统筹者的角度出发做了人员分工计划（见图 3-1），并找到了一个我认为很合适的成员 A。

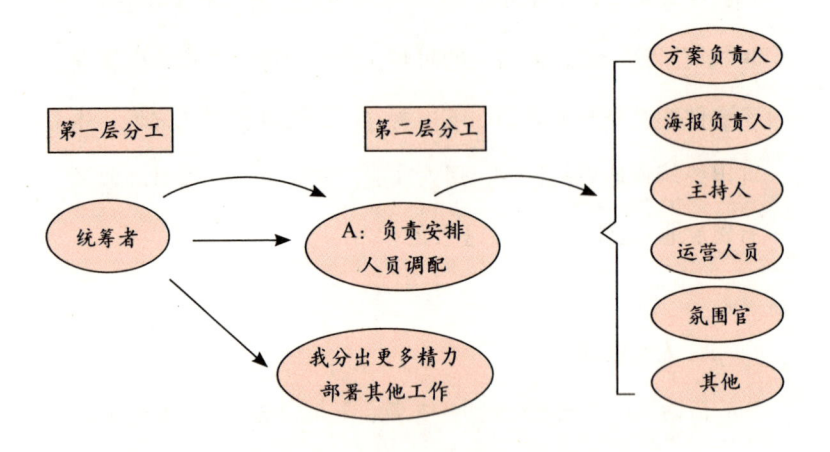

图 3-1 统筹管理者不同层级的分工示意图

我之所以找到 A，是因为她很擅长协调、沟通。她总是能在沟通过程中了解到对方的需求和优势，再根据职务的要求，将人员安排到不同的岗位上，让精于写作的负责文案；精于设计的负责海报；活跃、会调动情绪的负责调节群内氛围；组织能力强的负责运营；应变能力强的负责主持人工作。

整场活动下来，因为人岗匹配，每个人的感受都非常好，团队成员纷纷表示"虽然累、但快乐，很享受这样的合作"。

【本文小结】

  每个人都希望能实现更好的自我管理，培养内核竞争力，而统筹力就能助你做到这两点。当我们为事件做好规划，我们的生活就会更有效率、更有条理，我们就能获得更多青睐，让自己更出彩，活出想要的人生。

后 记
半山腰太挤，我们顶峰相会！

创业从来都不是一件容易的事情，特别是对于女性来说，家庭的压力会让我们面临更多关于时间和精力的挑战。掌握线上发售技巧的意义就在于它可以让女性朋友用更少的时间、更集中的精力来达成创业目标。

——温张敏

在这个"人人都是自媒体"的时代，每个人都拥有了发声的机会，每个人都可以成为作者并清晰表达自己的思想。写作从来都不是作家的专利，而是每个普通人都能掌握的基本技能。职场新女性完全可以通过提升写作能力打造自身核心竞争力，让自己被他人看见，让自己从各种竞争环境中脱颖而出。

——范远舟

越来越多的创业女性都开始选择做自媒体。因为自媒体不仅投资门槛低，还能放大时间产值。可以说，这就是时代给予每一位普通人的红利。"打造朋友圈"对于每一位想做自媒体的女性来说，都应该将其列为必选项。用好它，至少能提升10倍你的个人影响力。

——刘媛

直播，对于女性而言意味着什么？我认为，它是女性成长的加速器，可以让我们的未来有更多可能性。当然，我也知道女性做直播有诸多顾虑，比如担心自己应变能力差、直播没人看、直播间没流量、不知道自己该说什么……其实，我想告诉你，开播"治百病"，所有问题都是行动前的假想敌。没有人一开始就很厉害，每个能成事的人，都是在日积月累中将事业慢慢做起来的。

——陈璐

现在是大众创业的时代，创业小团队存在的意义就在于它可以把团队成员们的力量集合在一起，增强个体创业的抗风险能力。女性朋友可以通过团队协作共同提升创业项目的整体效能。管理好创业小团队，是实现创业目标的关键所在。

——冰冰

随着自媒体行业的蓬勃发展，信息传播变得更为及时、便捷和开放，为女性提供了多元化的展示平台，也让"她力量"的声音被更多人听见。越来越多的女性在自媒体平台创作内容、表达自我，以带货或卖课的方式来进行轻资产创业。因此，掌握一定的自媒体运营能力，不断精进自己的线上硬本领，已然成为现代女性的必修功课。

——朱行帆

直播力，是女性实现线上低成本创业并获得新就业机会的一大重要途径。通过掌握直播技能，耐下性子，努力且刻苦地走过从"不会播"到"擅长播"、从"不懂销售"到"频频出单"的修行路，你会收获更多。

——钟华琴

从前，仅靠发"复制粘贴式"的朋友圈动态就可以获得收益，当红利期过去，现在很难用单一形式的朋友圈动态获益了。我们要站在顾客的角度思考，明白朋友圈是对外展示自己的名片，是打造个人IP的利器，是记录自己成长的平台。我们要对其精心经营，充分布局。利用好朋友圈，才能吸引更多与自己同频的伙伴，创造出更多的价值。

——袁翠华

精致女性上得了厅堂、下得了厨房，怎容脑袋里一片"浆糊"？怎能忍受生活、事务上的无序与杂乱？怎能甘心被家庭琐事牵着鼻子走？要脱离困境，掌握统筹力是好办法。统筹生活事项，能让我们掌握生活的主动权，让人生道路更加平坦。

——王芳

对于现代女性来说，无论是在家庭还是在职场上，都会面临很多的压力和挑战。拥有高效解决问题的能力，会让女性在生活和工作中更加自如、富有竞争力，提升自信和幸福感。

——水晶

识人不清则用人不明，无论是与人合伙创业还是在职场奋斗，识人能力都是个人成长的必备技能。科学的方法和工具能帮助我们快速提升识人力，做到阅人有术。

——唐宜妘

最高级的销售能力，是先把自己的思想装进别人的脑袋里，再把别人的钱装进自己的口袋里。当代女性要想勇敢地营销自己，不仅要把自己的优势讲出来，还要让受众愉快地接受，而文案力恰恰能帮助我们做到这一点。

——叶小新

这本书，终于还是写到了这里。

以上，是本书10篇文章的作者——你的12位持续精进的闺密，想对你说的话。

谢谢你阅读我们的这本书。

在本书的附册里，我们各自准备了一份薄礼，欢迎你扫码、添加好友领取。也欢迎你告诉我们你的读书收获或近期的进展。

这个世界太喧嚣，女性十分不易，让我们陪伴彼此，共赴顶峰！

图片版权说明

本书图片均来自网站：https://www.freepik.com/，所有图片均已进入公有领域，属于公共版权。